中国清洁能源基地化开发研究

全球能源互联网发展合作组织

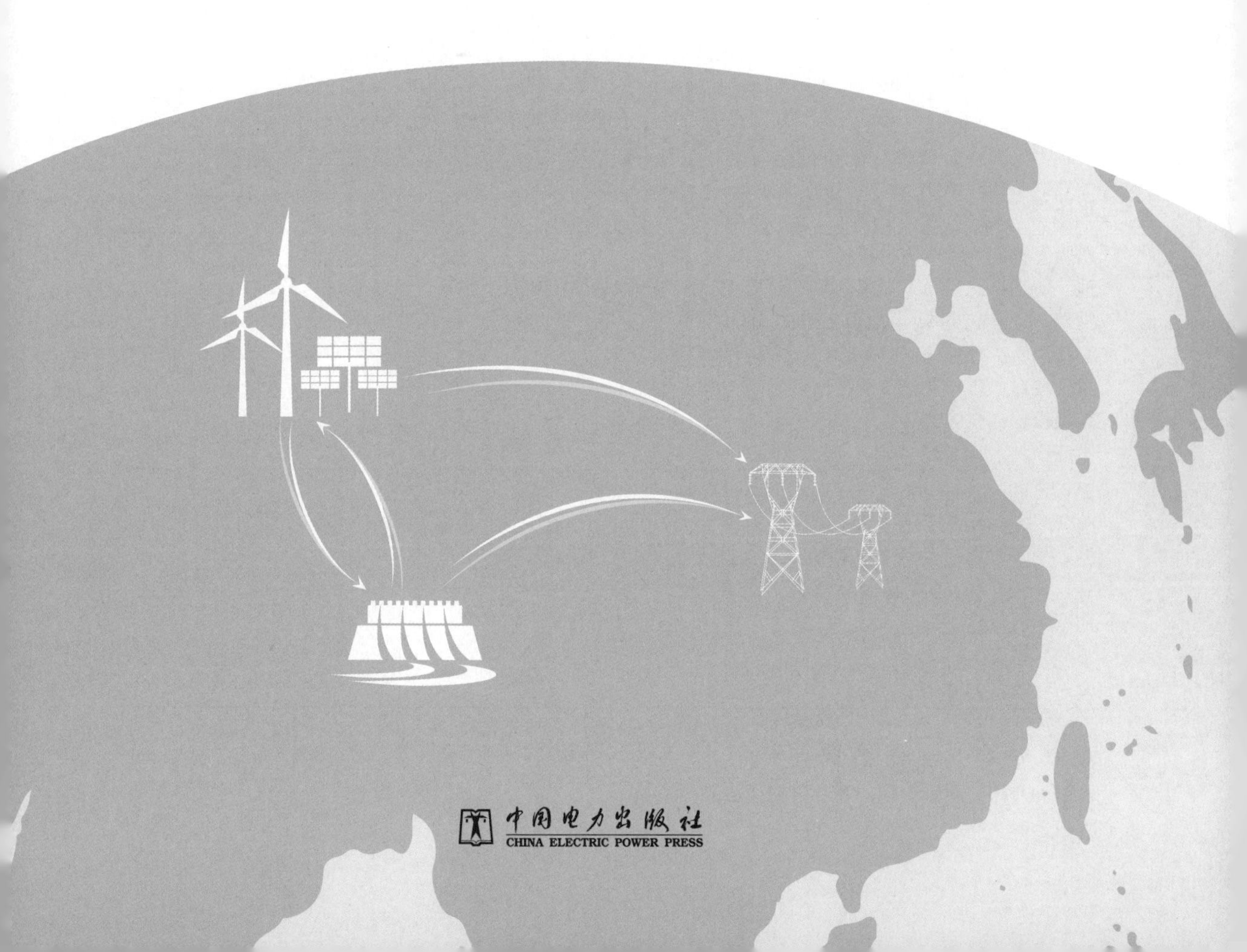

图书在版编目（CIP）数据

中国清洁能源基地化开发研究 / 全球能源互联网发展合作组织组编. —北京：中国电力出版社，2023.5

ISBN 978-7-5198-7566-4

Ⅰ. ①中… Ⅱ. ①全… Ⅲ. ①无污染能源–开发–研究 Ⅳ. ①X382

中国国家版本馆 CIP 数据核字（2023）第 016736 号

审图号：GS 京（2023）0661 号

出版发行：中国电力出版社
地　　址：北京市东城区北京站西街 19 号（邮政编码 100005）
网　　址：http://www.cepp.sgcc.com.cn
责任编辑：孙世通（010-63412326）柳　璐
责任校对：黄　蓓　常燕昆
装帧设计：张俊霞
责任印制：钱兴根

印　　刷：北京瑞禾彩色印刷有限公司
版　　次：2023 年 5 月第一版
印　　次：2023 年 5 月北京第一次印刷
开　　本：787 毫米×1092 毫米　16 开本
印　　张：13.25
字　　数：214 千字
定　　价：98.00 元

《中国清洁能源基地化开发研究》编委会

前　言

能源是经济社会发展的基石和动力，事关国计民生和国家安全。我国是全球最大的能源生产国、消费国和进口国，面对资源紧缺、气候变化、环境污染等全球性挑战，长期以来形成的以化石能源为主、高度依赖进口的能源体系难以为继，保障能源安全和推进低碳转型的双重压力持续增大。党的二十大报告对深入推进能源革命、加快规划建设新型能源体系、积极参与应对气候变化全球治理等作出战略部署，为我国能源发展指明了方向。构建新型能源体系，建设新型电力系统，要求加快实施能源供应清洁替代，推动清洁能源大规模开发利用，形成清洁主导的能源生产格局。基地化开发是清洁能源集中开发的主要方式，具有规模大、效率高、占地省、成本低等优势，对于保障能源安全可靠供应，推动能源结构低碳转型，推进能源体系提质增效，促进经济社会高质量发展具有重要意义。

我国清洁能源资源丰富，具备基地化开发的条件，特别是西部北部[1]，水电、太阳能发电、风电资源技术可开发量分别占全国的 86%、96%和 89%以上，资源条件好、互补特性强、开发成本低，是我国清洁能源基地化开发的主战场。面对我国西部北部清洁能源大规模、集中式开发的重要机遇和高效消纳、广域

[1] 本书将陕西、甘肃、青海、宁夏、新疆 5 个西北省区，黑龙江、吉林、辽宁 3 个东北省份，四川、贵州、云南、西藏 4 个西南省区，河北、内蒙古、山西 3 个华北省区，总计 15 个省级行政区作为主要评估区域，简称为中国西部北部地区。

配置、安全保供等多重挑战，必须坚持新发展理念，以大视野、大格局、大思路提出加快西部北部清洁能源基地化开发、优化配置与高效利用的解决方案，走出一条中国特色的清洁能源基地化开发之路，推动构建新型能源体系，促进实现“碳达峰、碳中和”目标，落实区域协调发展战略，为以中国式现代化全面推进中华民族伟大复兴提供坚强可靠的能源保障。

全球能源互联网发展合作组织深入学习贯彻党的二十大精神，落实习近平总书记关于能源电力发展的指示批示，以保障能源安全为根本，以推进低碳转型为导向，立足我国区域发展格局和能源资源禀赋，聚焦清洁能源协同开发、调节资源体系建设、电网支撑配置作用等关键问题，提出“开发大基地、建设大电网、融入大市场”的西部北部清洁能源开发总体思路，开展了西部北部大型风光基地开发、西南水风光协同开发、新型抽水蓄能与西部调水、西北—西南电网互联等系列研究，为我国清洁能源基地化开发提出了战略性、全局性、系统性、创新性解决方案。

本书共分七章。第 1 章分析我国经济社会、能源电力发展的现状、机遇及挑战，研究适应现代化建设和高质量发展需要的能源转型路径，展望未来我国能源电力发展总体趋势和格局。第 2 章分析西部北部清洁能源基地化开发的意义、优势和挑战，提出总体思路和解决方案。第 3 章评估西部北部风电和太阳能发电资源，测算开发潜力，提出以沙漠、戈壁、荒漠为重点的西部北部清洁能源基地布局。第 4 章分析西南水电资源优势和水风光互补特性，测算西南水电支撑新能源开发的规模，提出水风光协同开发外送方案。第 5 章结合西部水资源优化配置，提出基于新型抽蓄的调水新思路及工程方案，分析新型抽蓄提升系统综合调节能力、促进新能源更大规模开发的潜力。第 6 章阐述大电网对清洁能源基地化开发和保障电力供应的支撑作用，分析西北—西南联网的必要性及初步方案，并对我国电网发展总体格局进行展望。第 7 章评估西部北部清洁能源基地化开发及基于新型抽水蓄能的西部调水所能带来的综合效益。

希望本书能为政府部门、国际组织、能源企业、金融机构、研究机构、高等院校和相关人员开展政策制定、战略研究、技术创新、项目开发、国际合作等提供参考。受数据资料和研究编写时间所限，内容难免存在不足，欢迎读者批评指正。

目　录

1 经济社会发展与能源电力转型

改革开放以来，我国经济持续保持快速增长、产业结构不断优化、城镇化进程不断加快，能源供给侧结构性改革持续推进、能源安全保障能力不断增强、能源绿色低碳转型步伐稳健。进入新发展阶段，实现“碳达峰、碳中和”目标、保障能源安全亟须加快能源电力清洁转型，建设中国能源互联网，通过大电网、大市场促进能源生产清洁化、配置广域化、消费电气化。未来我国西部北部和东中部地区分别作为电力送、受端的总体格局将长期不变，“西电东送”和“北电南供”电力流将继续扩大。

1.1 经济社会发展

党的十八大以来，我国经济继续保持快速稳健发展，圆满完成全面建成小康社会的第一个百年奋斗目标，历史性地解决了绝对贫困问题，统筹推进“五位一体”总体布局，经济、政治、文化、社会和生态文明建设协调发展。在新发展理念的引领下，我国正积极构建新发展格局，稳步转向高质量发展阶段。党的二十大提出，全面建成社会主义现代化强国、实现第二个百年奋斗目标，以中国式现代化全面推进中华民族伟大复兴。

1.1.1 发展现状

经济持续快速发展，彰显强大韧性与活力。2020 年，我国 GDP 达到 101.6 万亿元，总量迈上百万亿元新台阶，同比增长 2.3%，在遭受新冠疫情冲击的情况下，成为全球唯一实现经济正增长的主要经济体。2021 年，我国 GDP 达到 114.4 万亿元，如图 1.1 所示，同比增长超过 8%，占全球经济的比重超过 18%。对外开放水平不断提高，对外经贸合作实现了跨越式发展。货物进出口总额大幅增长，2021 年达到 39.1 万亿元，再创历史新高，稳居全球货物贸易第一大国。实际利用外资不断提升，2021 年达到 1.1 万亿元，居世界第二位。

产业结构优化调整，协调性、均衡性不断增强。农业基础作用不断加强，工业主导地位迅速提升，服务业对经济社会的支撑效应日益突出，三次产业发展速度趋于均衡。2021 年第一、二、三产业比重分别为 7.3%、39.4%、53.3%，如图 1.2 所示。目前，我国是全球唯一拥有联合国产业分类中所列全部工业门类的国家，200 多种工业品产量居世界第一。2021 年，我国第二产业增加值达 45.1 万亿元，连续 12 年成为世界第一制造大国。高技术制造业、装备制造业增加值分别增长 18.2%、12.9%。2016—2019 年，我国第三产业对 GDP 贡献率均超过 60%并逐年升高。尽管受新冠疫情影响，2020、2021 年第三产业对 GDP 贡献率有所回落，但新产业新业态保持逆势增长。网络零售、在线教育、远程办公等线上服务需求旺盛，信息传输、软件和信息技术服务业同比增长 17.2%。

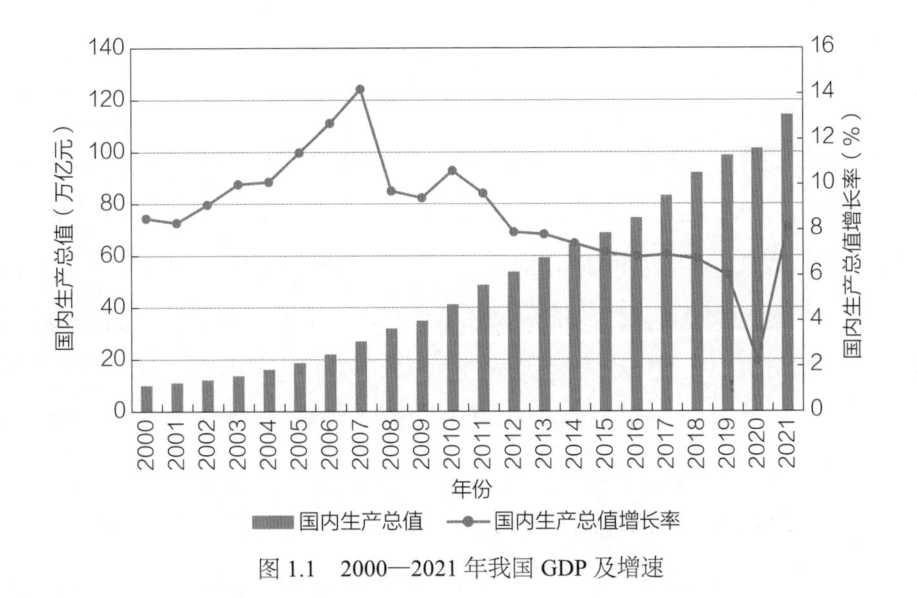

图 1.1 2000—2021 年我国 GDP 及增速

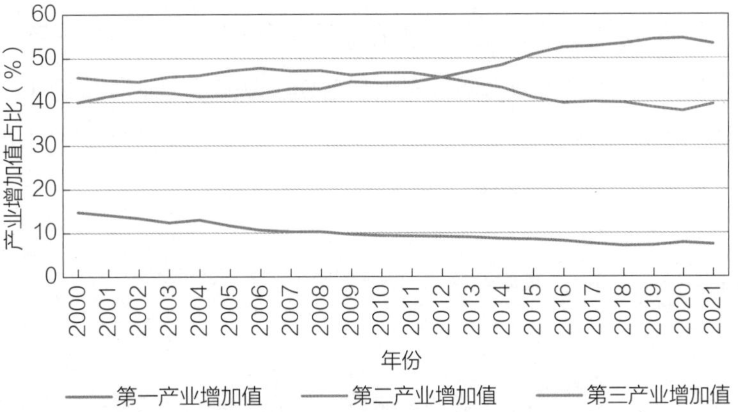

图 1.2 2000—2021 年我国三次产业增加值占比

人口总量稳步增长，劳动年龄人口已达峰值。改革开放以来，我国大陆总人口由 9.6 亿人增长至 2021 年的 14.1 亿人，15—64 岁劳动年龄人口总量从 20 世纪 80 年代初的 6.3 亿人增长到 2013 年 10.1 亿人的峰值，人口红利充分释放，有力支撑了我国经济高速增长。人口自然增长率放缓，老龄化问题显现。自 1990 年以来，我国人口自然增长率持续下降，2021 年达到 0.034‰。65 周岁及以上人口 2 亿人，占总人口的

14.2%，总抚养比为 46.3%。人才红利逐步取代人口红利成为我国经济增长的重要引擎。2021 年，我国适龄劳动人口规模为 9.7 亿人，劳动人口平均受教育年限达 10.9 年，仍然具备极大的提升空间。随着人口素质提升和代际更替，人才红利将成为推动我国经济发展的重要基础。

城镇化进程加快，城镇化水平显著提高。改革开放以来，城市人口快速增多。2021 年，城镇常住人口 9.1 亿人，城镇化率达到 64.7%，但明显低于高收入经济体水平，城镇化率具有较大增长空间。城市群辐射效应明显，大中小城市协调均衡发展。以京津冀、长三角、珠三角城市群为代表的超大城市群，以长株潭与中原城市群为代表的中部城市群和以成渝与关中平原城市群为代表的西部城市群，构成我国经济发展的重要基础和增长动力。中小城市可以利用在空间、资源、劳动力等方面的比较优势，与大城市形成紧密联系的产业分工体系。

民生福祉显著提升，全面建成小康社会。2021 年，我国人均国民总收入约为 1.2 万美元，稳居中等偏上收入国家行列，向高收入国家迈进。城乡居民人均收入比 2010 年翻一番的目标如期实现，脱贫攻坚战取得全面胜利。基本公共服务体系日趋完善，均等化水平稳步提高。社会保障惠及全民，建成了世界上规模最大的社会保障体系。教育公平和质量不断提升，九年义务教育巩固率达 95.2%。医疗卫生服务体系日益完善，居民平均预期寿命达 77.3 岁，比世界平均预期寿命高近 5 岁。能源普遍服务取得跨越式发展，2015 年全面解决无电人口用电问题，电力普及率达到 100%。

1.1.2 发展理念

进入新发展阶段，我国贯彻“创新、协调、绿色、开放、共享”新发展理念，构建以国内大循环为主体、国内国际双循环相互促进的新发展格局，以推动经济社会高质量发展为主题，促进实现“双碳”目标，推进中国式现代化。

坚持“创新、协调、绿色、开放、共享”的新发展理念。党的十八届五中全会首次提出新发展理念，党的二十大强调完整、准确、全面贯彻新发展理念，新发展理念是关系我国发展全局的深刻变革。创新发展解决发展动力问题，以创新作为发展的第一动力，加快建设科技强国。协调发展解决发展不平衡问题，促进城乡区域协调发展。绿色发展解决人与自然和谐问题，走生态优先、绿色发展为导向的高质量发展之路。开放发展解决发展内外联动问题，着力形成对外开放新体制，持续推进更高水平的对外开放。共享发展解决社会公平正义问题，发展成果由人民共享。

加快构建以国内大循环为主体、国内国际双循环相互促进的新发展格局。以国内大循环为主体，深化供给侧结构性改革，全面优化升级产业结构。需求侧坚持扩大内需，释放内需潜力，培育完整内需体系。把实施扩大内需战略同深化供给侧结构性改革有机结合起来，增强国内大循环内生动力和可靠性。国内国际双循环相互促进，提升国际循环的质量和水平，推动商品和要素流动型开放向制度型开放升级。加强国内大循环的主导作用，以国际循环提升国内大循环效率。

以高质量发展为主旋律继续推动我国经济社会发展。党的十九大提出我国经济发展已由高速增长阶段转向高质量发展阶段。党的二十大强调高质量发展是全面建设社会主义现代化国家的首要任务。进入新发展阶段，高质量发展要构建高水平社会主义市场经济体制，加快建设现代化经济体系，着力提高全要素生产率，着力提升产业链供应链韧性和安全水平，着力推进城乡融合和区域协调发展，全面推进乡村振兴，推动经济实现质的有效提升和量的合理增长。

走绿色低碳可持续发展道路，实现“碳达峰、碳中和”目标。2020 年，我国提出在 2030 年实现碳排放达峰、2060 年实现碳中和的目标，彰显了我国主动承担应对全球气候变化责任的大国担当。实现“碳达峰、碳中和”目标是我国生态文明建设的历史性任务，是我国立足新发展阶段、贯彻新发展理念、构建新发展格局的重要内容和必然要求。实现“碳达峰、碳中和”目标是一场广泛而深刻的经济社会系统性绿色革命，涉及理念转型、经济转型、产业转型、生活方式转型等诸多方面，将推动经济社会全面高质量、可持续发展。

以中国式现代化全面推进中华民族伟大复兴。中国式现代化，是中国共产党领导的社会主义现代化，既有各国现代化的共同特征，更有基于自己国情的中国特色。中国式现代化是人口规模巨大的现代化，是全体人民共同富裕的现代化，是物质文明和精神文明相协调的现代化，是人与自然和谐共生的现代化，是走和平发展道路的现代化。中国式现代化的本质要求是：坚持中国共产党领导，坚持中国特色社会主义，实现高质量发展，发展全过程人民民主，丰富人民精神世界，实现全体人民共同富裕，促进人与自然和谐共生，推动构建人类命运共同体，创造人类文明新形态。

1.1.3 发展展望

1. 经济发展

当前至 2030 年，经济增长加速实现质量变革、效率变革、动力变革。供给侧经济增长由要素驱动向创新驱动过渡，需求侧新发展格局加快构建，消费逐步成为经济增长的第一拉动力，新型基础设施将成为重点投资领域。预计 GDP 年均增速 5.2%，2030 年 GDP 总量达到 170 万亿元，有望成为全球第一大经济体。2030—2050 年，我国将建成现代化经济体系。经济稳定可持续增长，规模领先全球。关键核心技术自强自立，成为全球领先的创新型国家。预计 GDP 年均增速 3.5%，到 2035 年实现经济总量和人均收入较 2020 年翻一番目标。建成富强民主文明和谐美丽的社会主义现代化强国，人均收入位居中等发达国家前列。2050 年 GDP 总量达到 340 万亿元。2050—2060 年，我国经济将继续平稳发展，对全球经济发展的引领作用持续增强。数字经济和实体经济进一步深度融合，创造出大量新业态和新模式，建成国际领先的高水平开放型经济体。预计 GDP 年均增速 2.5%，2060 年 GDP 达到 430 万亿元。2021—2060 年我国经济年均增速预测如表 1.1 所示。

表 1.1　　2021—2060 年我国经济年均增速预测

年份	2021—2030 年	2030—2040 年	2040—2050 年	2050—2060 年
GDP 年均增速（%）	5.2	4	3	2.5

2. 产业发展

当前至 2030 年，产业结构不断优化。第三产业在国民经济中的比重和对经济增长的贡献率增加，第二产业比重稳步下降，保持门类齐全和产业体系完备。传统制造业向高端化、智能化、绿色化转型发展，高技术制造业和战略性新兴产业保持快速增长。预计 2030 年三次产业增加值占比分别为 6%、37%、57%。2030—2050 年，先进制造业和现代服务业双轮驱动发展。服务业在产业结构中占据主导地位，高端服务产业规模和竞争力居全球第一梯队。传统制造产业高端化、绿色化、智能化水平持续提升，跻身制造强国行列。预计 2050 年三次产业增加值占比分别为 4%、33%、63%。2050—2060 年，服务业水平全球领先，制造强国地位持续巩固。一批具有全球影响力的高端服务业中心城市和"中国服务"品牌将主导和引领全球价值链，制造业智能化转型升级全面完成。预计2060年三次产业增加值占比分别为3%、31%、66%。2020—2060年我国三次产业结构预测如图1.3所示。

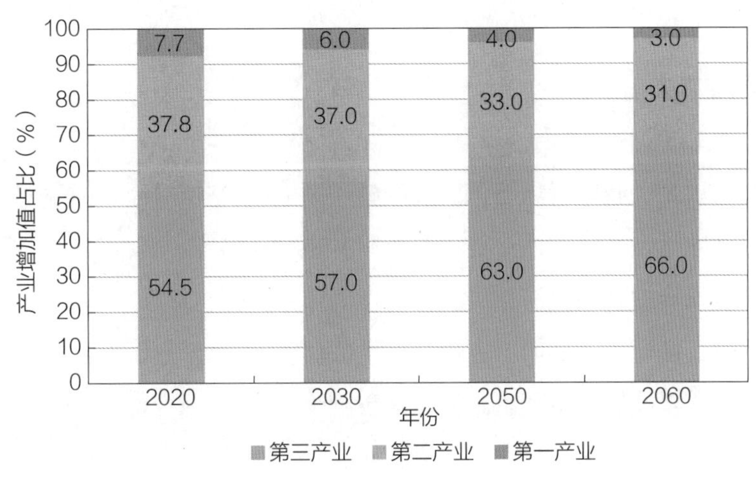

图1.3 2020—2060年我国三次产业结构预测

3. 人口发展

当前至2030年，人口发展进入关键转折期，人口总规模增长惯性减弱。劳动力老化程度加重，少儿比重呈下降趋势。根据联合国2022年发布的《世界人口展望》，中方案情景下我国人口将于2025年前达到峰值，峰值约14.3亿人；高方案情景下我国人口将于2035年达到峰值，峰值约14.4亿人。2030—2060年，人口教育和健康素质将继续提升。根据联合国2022年发布的《世界人口展望》，中方案和高方案情景下，预计我国人口2050年分别为13.1亿人和14.1亿人，2060年分别为12.1亿人和13.5亿人。2050年，65岁及以上老年人口将达4亿人左右，占比近30%。教育水平将显著提升，2050年劳动年龄人口平均受教育年限提高至14年。

4. 城镇化发展

2020—2030年，城镇化率提高，城市群、都市圈将成为促进大中小城市和小城镇协调联动和特色化发展的重要载体。城市群和都市圈将发展壮大，形成疏密有致、分工协作、功能完善的城镇化空间格局。预计2030年城镇化率达68%。2030—2050年，城乡和区域实现高度协调发展。预计 2050 年城镇化率达 80%，城市空间结构优化，形成多中心、多层级、多节点的网络型城市群格局。超大特大城市国际竞争力提升，大中城市宜居宜业功能完善，农业农村完成现代化升级。2050—2060 年，城镇化发展和乡村振兴迈上新台阶。预计 2060 年城镇化率进一步提高至 83%左右，城乡和区域发展差距及居民生活水平差距进一步缩小。

1.1.4　区域格局

党的十八大以来，我国区域协调发展战略不断完善深化。区域协调发展呈现开放合作程度加深、产业转型升级加速、效率与公平并重的新特点。党的二十大提出，构建优势互补、高质量发展的区域经济布局和国土空间体系。促进区域协调发展，深入实施区域协调发展战略、区域重大战略、主体功能区战略、新型城镇化战略。在发展中促进相对平衡，增强高质量发展的重要动力源，完善国土空间体系，提升发展优势区域综合承载能力。

东部地区经济转型升级加快。东部地区经济发展水平长期领跑全国，2020 年，东部地区人口占全国的 39.9%，地区生产总值占全国的 51.8%。高新技术引领经济发展新动能。近年来，东部地区研发投入不断提高，产业转型升级和新旧动能转换加快。沿海开放水平提升，国际竞争力增强。东部地区对外合作不断深化。2020 年，东部地区吸收外资同比增长 8.9%，占全国的 88.4%。未来，东部地区将坚持创新引领，承担起科技创新领头羊、国家治理能力现代化样板的重任。

中部地区持续崛起。“十三五”期间，中部地区六省经济年均增长达到 8.6%，增速居四大板块之首。2020 年，中部地区生产总值占全国的比重达到 22%。产业结构优化调整，中部地区统筹区域产业规划，三次产业结构占比由 2013 年的 11.8%、52.1%、36.1%调整为 2020 年的 9.1%、40.6%、50.3%。《中共中央国务院关于新时代推动中部地区高质量发展的意见》于 2021 年出台，提出中部地区将着力构建以先进制造业为支撑的现代产业体系，增强城乡区域发展协调性，推动中部地区加快崛起。

西部地区大开发形成新格局。承接产业转移，实现优势资源转化。西部地区自然资源丰富，承载东中部地区产业转移，建设多个能源化工、新材料、绿色食品基地以及区域性高技术产业和先进制造业基地。西部地区清洁能源资源丰富，“碳达峰、碳中和”

目标将进一步驱动西部地区将资源优势转化为经济优势。构建新发展格局，深度融入“一带一路”建设。西部地区是“丝绸之路经济带”的重要枢纽，区位优势明显。新发展格局下，西部地区能够充分利用国内国际两个市场、两种资源，推动更有效率、更有质量、更可持续发展。

东北老工业基地振兴发展。东北地区是新中国工业的摇篮和我国重要的工业与农业基地。2016 年，《中共中央国务院关于全面振兴东北地区等老工业基地的若干意见》发布，东北振兴进入全面振兴新阶段。2020 年，东北三省生产总值 5.1 万亿元，人均地区生产总值 5.2 万元，常住人口城镇化率 67.7%，农业现代化建设加快推进。东北地区将着力破解体制机制障碍，激发市场主体活力，推动产业结构调整优化，推动东北全面振兴实现新突破。

1.2 能源电力转型

党的十八大以来，面对国际能源发展新趋势，以习近平同志为核心的党中央提出“四个革命、一个合作”能源安全新战略，坚定不移推进能源革命，坚持立足国内外多元供应，积极推进煤炭清洁高效开发利用，加大油气勘探开发力度，优先发展可再生能源，不断深化能源领域国际合作，加快转变用能方式，优化能源消费结构，持续淘汰落后产能，切实推进重点领域节能减排，清洁能源占比不断提升，能效水平稳步提升，能源安全保障能力不断增强，能源绿色低碳转型步伐加快，科技创新驱动作用越来越强，国际合作持续走深走实。我国电力工业走出了一条具有中国特色的电力发展道路，发电装机、发电量、新能源装机、输电线路长度、变电容量连续多年保持世界首位，实现了由“电力大国”到“电力强国”的跨越。

党的二十大进一步明确提出了积极稳妥推进碳达峰碳中和，立足我国能源资源禀赋，坚持先立后破，有计划分步骤实施碳达峰行动，深入推进能源革命，加强煤炭清洁高效利用，加快规划建设新型能源体系，积极参与应对气候变化全球治理，为我国能源转型变革指明了前进方向、提供了根本遵循。

1.2.1 发展现状

1. 能源发展

2021 年，我国能源消费总量 52.4 亿吨标准煤，其中，煤炭占 56%，原油占 18.5%，天然气占 8.9%，非化石能源占 16.6%。能源消费总量保持平稳增长，2021 年较 2015 年增长 9 亿吨标准煤，年均增速约 3.3%。能源利用效率不断提高，单位 GDP 能耗持续下降，2021 年我国单位产值 GDP 能源消费为 0.46 吨标准煤/万元，比 2012 年累计降低 26.4%，年均下降 3.3%。能源消费结构进一步优化，2021 年煤炭消费占比较 2015 年下降 7.8 个百分点；非化石能源消费占比较 2015 年提高 4.6 个百分点，电能占终端能源消费比重 2019 年即达到 26%，较 2015 年提高约 3 个百分点。

2. 电力发展

2021 年，我国全社会用电量 8.3 万亿千瓦时，其中，第一产业用电量 1023 亿千瓦时，第二产业用电量 5.6 万亿千瓦时，第三产业用电量 1.4 万亿千瓦时，城乡居民生活用电量 1.2 万亿千瓦时。电力需求快速增长，2021 年全社会用电量同比增长 10.3%，较 2019 年增长 14.7%，两年平均增长 7.1%。电力消费结构持续优化，2021 年第一产业和第二产业用电量占全社会用电量的比重分别为 1.5%、67.5%，较 2015 年分别降低 0.3、5.3 个百分点；第三产业和城乡居民生活用电量占全社会用电量的比重分别为 17%、14.6%，较 2015 年分别提高 4.4、1.8 个百分点。电能替代快速推广，“十三五”累计电能替代电量约 7500 千瓦时，占全社会用电量比重约 2.2%。

截至 2021 年年底，全国电源装机容量 23.8 亿千瓦，全口径发电量为 8.4 万亿千瓦时，全国 6000 千瓦及以上电厂发电设备平均利用小时数约 3820 小时。发电供应能力持续增强，2021 年全国总装机容量同比增长 7.9%；发电量同比增长 9.8%。清洁能源装机和发电量占比大幅提升，2021 年全国非化石能源装机容量达到 11.2 亿千瓦，同比增长 13.4%，占总装机容量的 47%，比“十三五”初期提高了 12.3 个百分点；年发电量达到 2.9 万亿千瓦时，同比增长 12%，占总发电量的 34.6%，比“十三五”初期提高了 7.4 个百分点；煤电装机和发电量占比持续下降，分别由“十三五”初期的 59%和 67.9%下降至 46.6%和 60%。区域布局不断优化，风电和太阳能发电在“三北”地区集中开发同时，东中部地区分布式新能源快速发展，煤电建设逐步向西部北部转移，沿海核电进一步发展。

3. 电网发展

全国电网规模不断增长，特高压电网发展成就举世瞩目，电网的资源配置和安全保供能力大幅提升。2021 年，全国基建新增 220 千伏及以上输电线路长度和变电设备容量分别为 3.2 万千米和 2.4 亿千伏安。截至 2021 年年底，全国电网 220 千伏及以上输电线路回路长度、公用变电设备容量分别为 84.3 万千米和 49.4 亿千伏安，分别同比增长 3.8% 和 5.0%。经过近二十年的奋斗，我国攻克了 300 余项特高压关键技术，建设和运行了世界上输送容量最大、配置范围最广的特高压交直流混合电网。截至 2022 年 7 月，我国已建成投运特高压直流输电工程 19 项，线路长度约 3.2 万千米；特高压交流输电工程 14 项，线路长度约 1.4 万千米。基于远距离、大容量、低损耗的特高压输电技术，扭转了长期以来我国能源配置过度依赖输煤、煤电运长期紧张的局面，推动了我国西部、北部水风光清洁能源大规模开发和跨省跨区输送，实现了中国电力的战略性突破与跨越式发展，缓解了我国区域性、季节性电力供应紧张和大气环境治理难题，促进了全国能源转型和区域协调发展。

区域电网主网架不断完善，供电能力和安全水平进一步提高，电网智能化水平不断提升。区域电网以特高压、超高压为骨干网架，同步优化各级输配电网，完善电力二次系统安全防护体系。华北电网形成“两横一纵”的 1000 千伏交流主网架，通过“六直一交”与区外联络。华东电网形成以“三交七直”特高压骨干网架为核心的区域主网架和以长三角为中心的网格状受端电网格局。华中电网持续优化 500 千伏电网结构，各省均形成主干环网或网格状形态。东北电网围绕能源基地外送以及辽宁负荷中心供电，持续优化 500 千伏主网架结构。西北电网形成覆盖五省区的 750 千伏主网架，并进一步延伸到南疆、北疆、青海海南等地区，通过 9 回直流跨区送电。西南川渝藏形成独立同步电网，加强川渝、川藏 500 千伏交流联网，并通过 5 回直流跨区外送电力。南方电网形成“八交十一直”西电东送通道，并依托鲁西背靠背、永富直流等工程实现云南电网与主网异步联网。智能配用电、微电网、分布式供能技术应用不断加大，电网智能化水平不断提升，对分布式电源接入和用电需求多样化的适应性进一步加强。

4. 市场发展

电力市场化改革取得长足进步。电力行业认真贯彻落实国家决策部署，大力推动电力市场建设，主动作为、协调推进，市场建设不断规范，交易规模不断扩大，2021 年，全国累计注册市场主体 46.7 万家，各电力交易中心组织完成市场交易电量 3.8 万亿千瓦时，占全社会用电量的45.5%；组织省间交易电量（中长期和现货）合计7027亿千瓦时，占市场交易电量的18.6%。总体来看，我国电力市场化改革成效积极，有效激活了市场主体，提升了市场活跃度和市场效率，八个现货市场[1]试点平稳推进，中长期交易为主、现货交易为补充的电力市场体系初具雏形，售电侧市场形成有效竞争、多买多卖格局，初步建立了较为完善的输配电价体系，增量配电改革探索了我国渐进式改革的制度创新。

全国碳排放权交易市场机制不断完善。2021年2月1日起，《碳排放权交易管理办法（试行）》[2]开始施行，全国碳市场（发电行业）首个交易履约时间为2021年[3]，涉及2162家发电行业的重点排放单位，覆盖约45亿吨二氧化碳排放量。全国碳市场（发电行业）于2021年7月16日启动上线交易，截至2021年12月31日，累计交易114个工作日，碳排放配额累计成交量约1.8亿吨，其中，挂牌协议成交量约0.3亿吨，占成交总量的17.2%；大宗协议成交量约1.5亿吨，占成交总量的82.8%。按履约量计，履约完成率99.5%，其中，碳市场抵消机制发挥作用，部分重点排放单位利用CCER[4]进行配额抵消，全国碳市场第一个履约周期顺利收官。"碳达峰、碳中和"目标对市场建设提出了更高要求，需要进一步统筹现有绿色发展机制，构建新型市场体系，建设全国统一电—碳市场，扩大市场覆盖范围。

1.2.2 转型之路

近年来，国际形势和能源格局发生深刻变革，国际能源市场不确定性与不稳定性增加，国内能源市场结构性矛盾依然存在，我国经济社会发展还将拉动能耗刚性增长，为保障能源安全和实现"碳达峰、碳中和"目标带来新挑战。面对新形势、新挑战，需要统筹能源安全和绿色低碳转型，加快构建清洁低碳、安全高效的能源体系，建设中国能源互联网。

实现"碳达峰、碳中和"目标，保障能源安全亟须加快能源电力清洁转型。我国经

---

[1] 电力现货市场的第一批八个试点分别为广东、浙江、山西、甘肃、山东、福建、四川、蒙西。

[2] 中华人民共和国生态环境部令2020年第19号。

[3] 《2019—2020年全国碳排放权交易配额总量设定与分配实施方案（发电行业）》（国环规气候〔2020〕3号）。

[4] Chinese Certified Emission Reduction，国家核证自愿减排量。

济体量大、用能需求高，能源结构以化石能源为主，化石能源占一次能源比重达 85%，能源活动碳排放约 98 亿吨，约占全社会总量的 90%，火力发电碳排放占能源活动碳排放的 41%。能源生产和消费环节碳排放高、环境污染大、能源利用效率低等问题亟待解决。我国化石能源资源相对匮乏，煤炭资源按照目前的开发强度，仅可再开采 38 年；石油、天然气人均剩余探明可采储量仅为世界平均水平的 7.5%和 15%。我国油气对外依存度较高，原油净进口自 2019 年突破 5 亿吨后持续保持高位，2021 年达到 5.1 亿吨，天然气净进口 2021 年达到 1620 亿立方米，石油和天然气的对外依存度分别达到 72%和 43%。大量的油气进口需要经过印度洋和马六甲海峡，能源通道存在重大的安全隐患，为我国能源安全、政治外交、经济发展带来巨大压力，彻底扭转当前能源结构，控制煤、油、气消费，加快清洁转型已迫在眉睫。

推动能源电力转型需要实现“三个转变”，核心是加快清洁能源开发和大范围配置。以清洁替代转变能源生产方式。将清洁能源通过集中式、分布式等多种方式开发转化为电能，替代煤、油、气等化石能源的使用，转变“一煤独大”能源结构，形成清洁主导的能源生产格局，从源头上减少化石能源发电产生二氧化碳排放。以大电网互联转变能源配置方式。加快构建以特高压电网为骨干网架、各级电网协调发展的全国能源配置平台，转变过度依赖输煤的能源发展方式和局部平衡的电力发展方式，加强我国与周边国家的互联互通，形成“西电东送、北电南供、跨国互联”能源发展格局，促进清洁能源大规模开发和消纳，实现多能互补和优化配置。以电能替代转变能源使用方式。大力推进终端能源使用领域的电能替代，以电代煤、以电代油、以电代气、以电代初级生物质能，摆脱化石能源依赖；以电能为主满足终端各领域能源使用需求，形成以电为中心，多种用能形式高效互补、集成转化的新型能源使用格局，有效降低煤、油、气等化石能源在终端燃烧产生的二氧化碳排放。

构建中国能源互联网，通过大电网、大市场促进能源生产清洁化、配置广域化、消费电气化，实现能源电力转型。中国能源互联网是覆盖全国、清洁低碳、智能友好的现代能源网络，是清洁能源在全国范围内大规模开发、配置和使用平台。中国能源互联网由清洁主导的能源生产系统、互联互通的能源配置系统和电为中心的能源使用系统构成。我国能源资源禀赋决定了未来以大基地开发为主导、分布式开发为有益补充的能源生产格局。能源生产与消费的逆向分布特征决定了需要进一步强化大规模输送和大范围配置的能源发展格局。

建设中国能源互联网能够将各类的清洁能源通过集中式、分布式等多种方式开发成电能，尽早实现清洁能源超越化石能源成为主导能源。中国能源互联网利用特高压等先进输电技术构建全国骨干网架，发挥输电距离远、容量大、效率高、损耗低、占地省、安全性高等显著优势，实现清洁能源跨区跨国大范围优化配置，保障电力系统的安全稳定运行，通过加强跨区外送能力、打破省间壁垒等综合措施，从根本上解决弃风、弃光问题，为清洁能源大规模开发利用提供坚强保障。中国能源互联网通过智能电网为各类用户提供灵活可靠、经济便捷的清洁电力，促进形成以电力为核心，多种用能形式高效互补、集成转化的新型能源使用系统。

1.2.3 能源发展展望

目前我国整体处于工业化中后期阶段，人均能源消费水平将不断提高。“十四五”“十五五”期间，我国经济社会将进入高质量发展新阶段，经济增长由高速阶段进入中高速阶段，能源需求将持续增长。随着能源生产侧清洁替代和能源消费侧电能替代的不断推进，化石能源消费总量将于2030年前达峰，其中煤炭消费总量2013年后稳定在28亿吨左右，2025年后开始下降；石油消费总量在2030年前达峰，峰值约8.7亿吨；天然气消费总量2035年前后达到峰值约5000亿立方米。

到2030年，我国一次能源需求将增长至64亿吨标准煤，其中煤炭消费28亿吨标准煤，石油消费8.7亿吨，天然气消费4800亿立方米。全社会用电量将达到11.4万亿千瓦时，最大负荷将达到18.3亿千瓦，终端电气化率将达到34%[1]。清洁能源占一次能源消费比重从2020年的16%提高到29%，每年提高1.3个百分点。

到2050年，我国一次能源消费下降至60亿吨标准煤左右，其中化石能源消费总量将下降至19亿吨标准煤，较峰值水平下降60%。全社会用电量将达到16.6万亿千瓦时，最大负荷将达到27亿千瓦，终端电气化率将达到61%。能源消费将加速转向清洁能源，2040年前清洁能源超过化石能源，成为占比最大的一次能源品种，清洁能源比重每年提高2.1个百分点，到2050年达到72%。

到2060年，我国一次能源消费继续下降至58亿吨标准煤左右，化石能源消费总量

---

[1] 电气化率计算含制氢用电。

下降至约 9.2 亿吨标准煤，其中非能用途化石能源占比 26%。全社会用电量将达到 17.2 万亿千瓦时，最大负荷将达到 28.3 亿千瓦，终端电气化率将达到 71%。清洁能源占一次能源消费比重达到 84%，实现能源生产体系全面转型。

我国一次能源消费总量及结构预测如图 1.4 所示，终端能源消费总量及结构预测如图 1.5 所示。

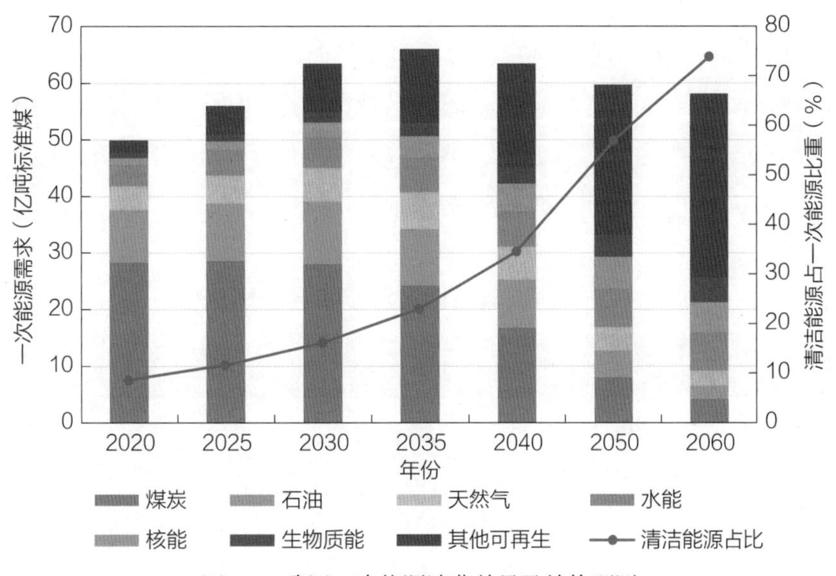

图 1.4 我国一次能源消费总量及结构预测

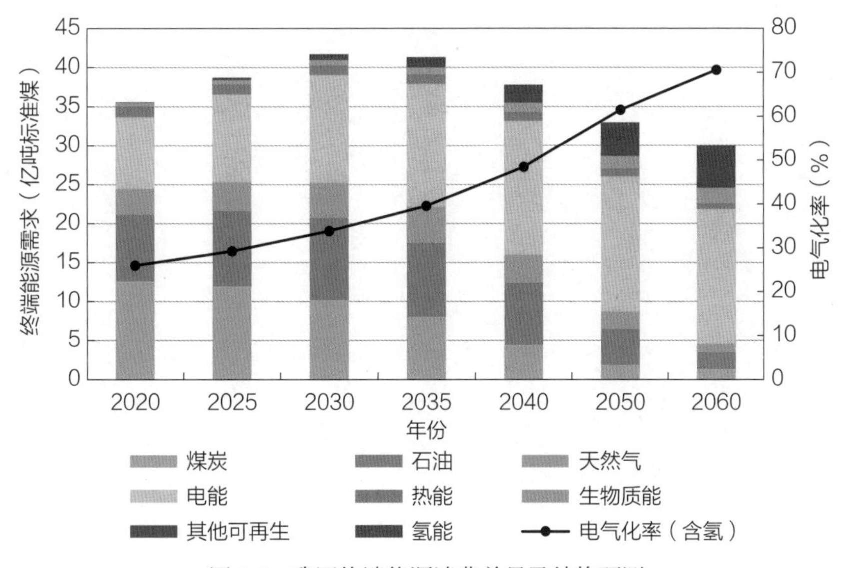

图 1.5 我国终端能源消费总量及结构预测

1.2.4 电力发展格局

化石能源发电加快转型，新增电源将以清洁能源发电为主。2030 年，我国电源装机容量超过 40 亿千瓦，其中煤电占比 30%左右，清洁能源装机占比超过 60%，清洁能源发电量超过 6 万亿千瓦时，占比超过一半。2050 年，电源装机容量超过 70 亿千瓦，其中煤电占比逐步降至 10%以下，清洁能源装机占比超过 80%，清洁能源发电量超过 14 万亿千瓦时，占比超过 80%。2060 年，总装机容量接近 90 亿千瓦，其中煤电占比降至 5%左右，清洁能源装机占比超过 80%，清洁能源发电量超过 16 万亿千瓦时，占比超过 90%。2030—2060 年我国电源装机容量预测如表 1.2 所示。

表 1.2 2030—2060 年我国电源装机容量预测[1] 单位：亿千瓦

情景		2030 年	2050 年	2060 年
清洁能源低情景	火电	15	11.6	8.5
	核电	1.2	2.7	2.6
	水风光	19.6	48.9	62.9
	储能及抽水蓄能	3.5	8.9	9.4
	生物质及其他	0.8	2.4	2.9
清洁能源中情景	火电	14.1	10.3	5.6
	核电	1.2	2.7	2.7
	水风光	22.9	53.4	67.7
	储能及抽水蓄能	3.8	9.2	10
	生物质及其他	0.8	2.6	3.8

[1] 数据来源：全球能源互联网发展合作组织《面向双碳目标的清洁能源与化石能源协同发展路径研究》。

续表

情景		2030 年	2050 年	2060 年
清洁能源高情景	火电	14.1	10.3	5.6
	核电	1.2	1.6	1.6
	水风光	26	60.3	74
	储能及抽水蓄能	3.7	9.4	10.6
	生物质及其他	0.8	2.4	3.8

“西电东送”和“北电南供”的电力供需总体格局将长期保持不变。我国东中部 16 省市[1]人口比重高、经济基数大，未来作为电力负荷中心格局将长期不变。预计 2050、2060 年我国全社会用电量将分别达到 16.5 万亿、17.2 万亿千瓦时，东中部地区用电量约 9.6 万亿～10 万亿千瓦时，占全国比重约 58%。统筹考虑东中部陆上风电、海上风电、光伏发电、核电和常规电源等各类本地电源共可支撑不足 7 万亿千瓦时电力需求，仍有约 3 万亿～3.5 万亿千瓦时（30%～35%）电力需求需要由外受电力满足，2050 年东中部电力供应格局示意如图 1.6 所示。

“西电东送”和“北电南供”电力流将继续扩大。华北电网将受入“三北”大型风光基地电力，华中电网将成为西南新增外送水电的主要消纳地区，华东电网将接受西南水电及西北大型风光基地电力流。到 2030 年，我国跨区电力流将达到 3.4 亿千瓦，2050 年达到 6 亿～7 亿千瓦。到 2030 年，东中部地区电源总装机容量约占全国的 45%，西部北部地区约占 55%。到 2050 年和 2060 年，东中部地区电源总装机占比下降到 42%和 43%，西部北部地区电源总装机占比约为 58%和 57%。

---

[1] 从我国电力供需分布上看，东中部 16 省市包括北京、天津、河北、山东、上海、江苏、浙江、安徽、福建、河南、湖北、湖南、江西、广东、广西、海南，是主要的电力需求区域。

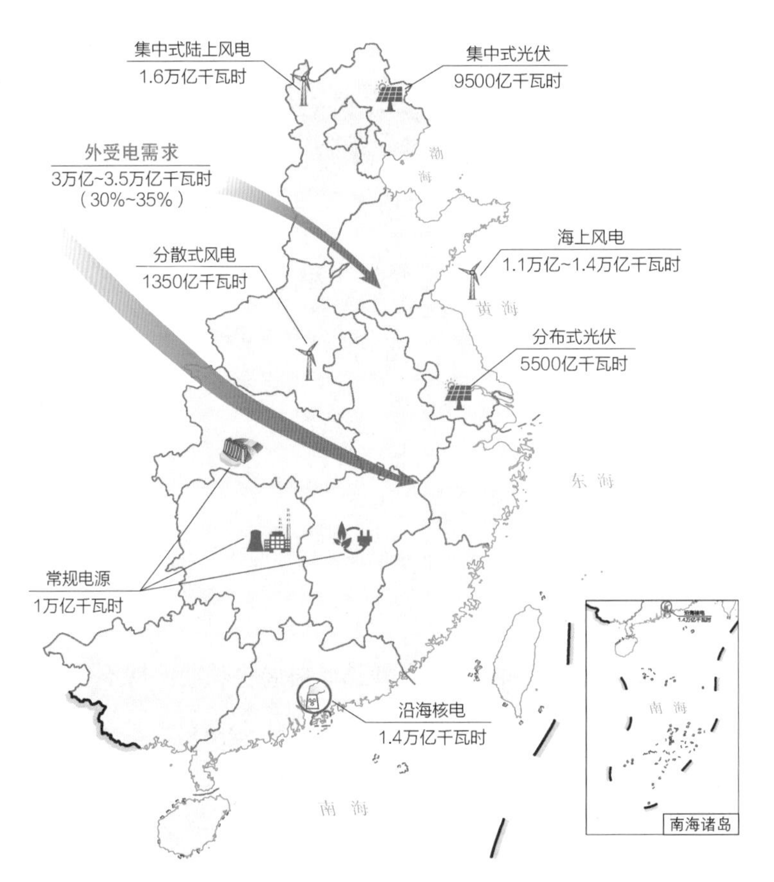

图 1.6　2050 年东中部电力供应格局示意

专栏 1.1　东中部电力供应趋势及基本格局

东中部地区土地资源稀缺，分布式新能源开发潜力有限、可供电量比重低。东中部人口密集、城市集中，用于集中式开发新能源的大面积连片土地资源稀缺，而可用于开发分布式光伏的建筑屋顶、建筑立面、农业大棚、鱼塘水面、铁路公路等载体分布较多。基于这些载体的东中部分布式光伏资源在全国占比超过 60%[1]，

[1] 全球能源互联网发展合作组织与中国科学院天空信息创新研究院、天津大学开展联合研究，应用高分辨率卫星遥感影像，结合人工智能图像识别算法针对全国分布式光伏开发资源开展大范围、高精度评估，形成《建筑光伏发电潜力评估及实证研究》“1+3”系列报告。本部分内容引自该成果。

但考虑政策要求和开发经济性，预计到2050年，东中部分布式光伏年发电量约5500亿千瓦时。利用园地、林地等土地开发分散式风电可进一步提升东中部土地利用效率，东中部分散式风电资源在全国占比同样达到约60%，预计到2050年，东中部分散式风电年发电量约1350亿千瓦时。2050年，东中部分布式光伏和分散式风电可支撑用电量比例合计约7%，仅可作为东中部补充电源。

统筹东中部本地各类电源，未来仍需要大规模区外受电。加快沿海核电、海上风电开发，推动已经开展前期工作的沿海核电厂址开发，预计到2050年，沿海核电装机容量1.6亿千瓦；进一步挖掘新建和扩建站址资源，沿海核电装机容量可达到2亿千瓦，年发电量约1.4万亿千瓦时。近海海上风电开发率超过60%，海上风电装机容量达到3亿千瓦，更高开发情景下，海上风电逐步向远海拓展，装机容量达到4亿千瓦，年发电量1.1万亿～1.4万亿千瓦时。推动具备集中式开发条件的新能源开发，预计到2050年，东中部集中式光伏发电装机容量8.5亿千瓦，年发电量约9500亿千瓦时，太阳能资源开发率26%；集中式陆上风电7.5亿千瓦，年发电量约1.6万亿千瓦时，陆上风电资源开发率超过70%。统筹区域内常规电源发展，预计到2050年，东中部水电、煤电、气电、生物质等发电装机容量合计约7亿千瓦，年发电量1万亿千瓦时。按照2050年东中部用电需求9.6万亿千瓦时测算，东中部各类本地电源共可支撑电量6.7万亿～7万亿千瓦时，仍有30%～35%的电力需求空间。东中部建筑屋顶遥感影像识别提取示例见图1.7。

图1.7 东中部建筑屋顶遥感影像识别提取示例

全国电网送端系统+受端系统+特高压输电网络的结构更加清晰，并依托现有电网逐步形成东部、西部两大电网格局。我国中长期电力流格局和规模决定了必须提高电网互联规模和范围，建设覆盖全国的特高压骨干网架和坚强智能电网。将西部不同资源类型的电网通过特高压骨干网架互联，构建西部电网，可以实现更大范围多能互补高效开发；将东部主要受电地区通过特高压骨干网架互联，构建东部电网，可以支撑大规模电力馈入；东、西部电网内部加强互联，可以有效提高跨省跨区电力互济水平和安全保供能力。重点要加快特高压骨干通道建设，统筹推进能源基地外送特高压直流通道和特高压交流主网架建设，提升通道利用效率和跨区跨省电力交换能力。同时要加速提高电网智能化水平，全面升级电网抵御故障和扰动的能力，充分发挥骨干大电网的能源传输和安全保障作用，以及智能配电网的可靠和灵活供电作用。

2 清洁能源基地化开发总体思路

清洁能源基地化开发具有规模大、效率高、占地省、成本低等优势，是全球清洁能源开发的重要模式。我国西部北部地区清洁能源资源条件好，具备集中式、规模化开发的良好条件，但也面临高效消纳、可靠供应、系统安全等多重挑战，需要统筹推进清洁能源开发与系统调节能力建设、配置能力提升。实施清洁能源基地化开发，是符合能源发展规律和我国资源禀赋的战略路径，是构建中国能源互联网的重要举措，将有力推动我国能源高质量发展和“碳达峰、碳中和”目标实现。

2.1 意义与优势

2.1.1 战略意义

建设大型清洁能源基地，集约式、规模化开发水能、风能、太阳能资源，是清洁能源集中式开发的主要形式，对于我国实现能源、经济、社会、环境协调可持续发展具有重要意义。清洁能源基地化开发可以发挥保供应、促转型、提质效、稳增长等多重重要作用。

保障能源供应安全可靠。我国是全球最大的能源消费国，化石能源资源禀赋总体不具优势，油气供给长期受制于人，能源安全面临严重挑战。我国清洁能源资源丰富，技术可开发量超过 1400 亿千瓦，完全能够满足经济社会发展用能需求。清洁能源基地规模大，单个基地装机容量可达千万千瓦，年发电量超过百亿千瓦时，基地化开发将大幅提高清洁能源开发的规模和速度，推动清洁能源加快成为能源供应的主力，迅速增强我国能源自给能力和保障水平。

推动能源结构低碳转型。我国是全球最大的碳排放国，能源活动碳排放占全社会总量超过 80%。究其原因，主要是我国具有“以煤为主”的高碳能源结构，实现能源活动减排降碳，关键是要加快建立新的能源供给消纳体系。以水电、光热等调节性清洁能源电源以及清洁高效、先进节能的煤电、气电为支撑，以稳定安全可靠的特高压输变电线路为载体，基地化开发风电、光伏等零碳电源作为装机和电量主体，可实现清洁能源大规模协同开发、广域配置和高效利用，助力实现“碳达峰、碳中和”目标。

推进能源体系提质增效。我国是世界上最大的发展中国家，能源体系整体效率与国际领先水平尚存差距，经济社会发展对用能成本的敏感性相对较高。随着新能源开发利用规模不断增大，其成本外部性特征对能源系统综合效益带来挑战。清洁能源基地化开发可充分发挥规模效应，有效分摊开发、建设及运营成本，提升发输电设备利用效率，降低综合用能成本。同时，清洁能源基地大多位于沙漠、戈壁、荒漠、山区等未利用地区，统筹考虑土地、生态等要求开发大型清洁能源基地，有利于提高国土空间资源利用效率，促进国土治理和生态修复。

促进经济增长协同发展。清洁能源基地化开发具有投资规模大、覆盖范围广、带动能力强等特点，在外部环境不确定性增加、经济下行压力增大的形势下，可有效稳投资、保就业、促增长。同时，我国清洁能源资源与负荷中心、经济中心呈逆向分布，加快清洁能源基地开发与外送，将助力资源富集但经济发展相对滞后的地区将资源优势转化为经济优势，有力带动西部大开发和东北全面振兴，促进区域协同发展。

2.1.2 开发优势

我国西部北部清洁能源具有资源丰富、开发便利、互补性强、经济性好等多重优势，适宜大规模基地化开发，是清洁能源基地化开发的重中之重。除满足本地经济社会发展需要外，还可大规模、远距离送电至东中部地区，为我国能源绿色、低碳、可持续发展提供重要战略支撑。

资源总量方面，西部北部地区平均风速高、光照条件好，适宜集中式开发的风电、光伏、光热装机规模分别为 63 亿、1128 亿、202 亿千瓦，占全国待开发资源总量的 95% 以上，年发电量可达 16 万亿、190 万亿、75 万亿千瓦时，是风光无限的“能源宝藏”。西南地区河流流量丰富、落差集中，水电技术可开发量达 4.1 亿千瓦，占全国水电技术可开发量的 75%，主要集中在金沙江、雅砻江、大渡河等八大流域干流，是我国水电开发的“主战场”。

开发条件方面，西部北部地区土地广袤、人口稀少，且多沙漠、戈壁、荒漠等难以常规利用地区，非常适合开发大型清洁能源基地。考虑海拔、坡度、保护区、地面覆盖物等因素，西部北部地区适宜集中式开发风电、光伏土地面积分别为 176 万、312 万平方千米，分别相当于东中部地区总面积的 3/4、4/3。西部北部地区新能源资源品质好，年平均风功率密度、太阳能年平均辐照强度分别相当于东中部地区的 4 倍和 1.5 倍，光伏发电利用小时数可达到东中部分布式光伏的 1.6 倍。西南水电集中度高、巨型电站多、调节性能好，配套外送输电网络较发达，可为新能源集中式大规模开发利用提供灵活支撑。

多能互补方面，西部北部清洁能源存在资源差、时间差、空间差，具有较强的跨时空出力互补特性。从时间尺度看，通常夏秋季为西南水电丰水期，此时风电处于小风期，水电与风电具有较强季节互补特性。水电由于水库的调蓄作用，能够实现电站日内出力灵活调整，风电和光伏日内波动较大，水风光可实现日内互补运行。从空间尺度看，我国西北、西南地区风电、光伏具备一定的互补性。以风电为例，联合运行可实现平均最大出力降低20%～30%，平均小时级波动减少36%～49%，平均日峰谷差减少39%～49%，显著平滑整体出力波动，降低调峰压力。

开发成本方面，我国已进入光伏、风电平价上网时代，预计 2025 年前后，西部北部清洁能源发电成本将低于 0.3 元/千瓦时。2050 年，西部北部大型风电、光伏、光热基地平均成本将进一步下降至 0.13、0.11、0.43 元/千瓦时；通过特高压输电送至东中部地区，输电价约 0.1 元/千瓦时，可显著降低全社会用能成本。未来，西南水电本体开发成本将不断上升，但采用水风光协同开发、联合外送，相比单纯送水电，综合上网电价和输电价均可有效下降，经济效益显著。

2.2 问题与挑战

2.2.1 灵活调节能力不足

随着西部北部清洁能源基地开发外送的不断推进，新能源将作为主体参与电力电量平衡，对系统灵活调节能力提出更高要求。西部北部灵活调节资源总量不足，开发难度较大，且分布不均、尚未优化统筹。

西部北部灵活调节资源需求大，本地调节资源开发难度大。西部北部地区近期新能源电源将成为装机主体，远期将成为电量主体。预计 2050 年，西部北部地区新能源装机、电量占比分别将达到 70%、57%。由于新能源的波动性、随机性、不确定性，存在日内电力不平衡、季节性电量不平衡、灵活调节能力不足等问题。按照近年来的统计规律，高峰时段新能源只能按照其装机容量 5%～10%的比例纳入日内日电力平衡，难以作为可靠支撑。风光年内发电量分布与负荷需求不匹配，例如，西北春季风光大发，同期电力需求较低，而电力需求高峰出现在冬季，同期新能源电量不足。同时，新能源出力频繁、快速、剧烈波动，且与日内负荷呈反调峰特性，净负荷波动速度及幅度大，对电力系统调峰及爬坡速率等调节能力提出很高要求。西北地区水电、气电、生物质、燃氢机组等本地调节电源严重不足，部分场景下2050年需配置新型储能规模超过8亿千瓦，将大幅提高新能源开发成本。沙戈荒大型基地配置的新型储能需长期在高寒、高热、高盐等极端环境下工作，对电池损耗、寿命和运行安全影响大，推高运维成本。同时，西北地区降雨量小、蒸发量大，直接影响抽水蓄能电站的开发成本和运行效率。

西南水电调节能力较强但未得到全局优化利用。西南水电总体调节性能较好，2050年，八大流域干流具备季调节及以上调节性能水电站装机占比达到44%，干流龙头电站将全部具有年调节及以上性能，可有效发挥对径流的调蓄和储能作用，实现年内、日内水量、电量转移，在不同通道利用效率的情况下可支撑0.8亿～1.9亿千瓦风电。然而，考虑施工条件和开发成本，西南本地风电可开发规模较小，水电调节能力尚未充分利用。充分发挥西南水电调节能力，在满足西南本地新能源开发的基础上，通过电网互联在更大范围内发挥作用，可推动西北新能源大规模开发利用，降低西部新能源整体开发成本。

2.2.2 电网配置能力不足

西部北部清洁能源基地与我国电力需求中心逆向分布，决定了电网作为支撑清洁能源大规模开发利用的平台作用愈发重要。随着西部北部大型清洁能源基地外送规模的加大，需要扩展电网覆盖范围和规模，增强电网新能源汇集能力、区内资源配置能力和跨区外送能力。

1. 新能源汇集能力

目前西北新能源装机规模1.4亿千瓦，预计到2050年，西北新能源装机规模将超过15亿千瓦，是现状的10倍以上。整体来看，西部北部送端电网现有基础难以支撑远期新能源的大规模开发，尤其是西北电网，由于土地广袤、新能源电源分散，沙戈荒大型新能源基地多分布于远离负荷中心的电网边缘位置，汇集送出电网电压等级低、电气距离远，源网协同能力不足，电压支撑能力弱，亟须电网加强和升级。

2. 跨区外送能力

2020 年，“三北”地区外送能力不足清洁能源装机容量的 20%，同时还承担部分煤电外送任务，跨区送电空间紧张；2050 年，西部北部清洁能源装机规模预计超过 45 亿千瓦，考虑区外清洁能源供应需求，跨区外送规模将超过 5 亿千瓦。目前，西部北部电网跨区外送能力不满足清洁能源外送消纳需求，需加快推动我国特高压骨干网架建设，引领大型清洁能源基地开发。

3. 网间互济能力

西北、西南电网具备电源互补、负荷错峰的系统特性，通过提升西北、西南电网互联规模，可实现跨区清洁能源多能互补、系统互为备用、调节资源共享，提升清洁能源供电的可靠性。但目前电网互联规模较小，仅有德宝直流、青藏直流两条直流线路和甘肃旱阳—四川广元 220 千伏备用交流线路互联，总规模 380 万千瓦，无法充分发挥西北、西南电网互补互济、互供互援的关键作用。

4. 输电通道利用效率

西部北部清洁能源外送路径走廊资源有限，特别是河西走廊和川西走廊土地资源紧张，可能成为制约清洁能源基地大规模开发外送的重要因素。河西走廊是西北通往内陆的最重要途径，东西长约 1000 千米，宽由几千米到几百千米不等，向西连接塔里木盆地，向东连接黄土高原，受自然保护区、军事控制区等限制，路径资源十分紧张。川西走廊是川西、西藏水电外送的主要路径，位于我国第一、第二级阶梯之间，地势起伏大，受地质灾害区、保护区等限制，部分区域仅剩约 1500 米通道宽度，亟须提高输电通道利用效率。

2.2.3 安全支撑能力不足

随着新能源渗透率和直流外送规模不断上升，西部北部电网“新能源接入比例高、电力电子装备比例高，系统惯量低、设备抗扰性低”特征愈发凸显，在频率调节、电压支撑、系统稳定三个方面面临新挑战。一是频率调节方面，2050 年西北风电、光伏、直流等电力电子化设备容量占比 83%，大规模替代常规同步机组，系统转动惯量降低，抗频率扰动能力下降，易出现稳态和暂态频率越界，可能导致新能源连锁脱网、直流多回同时换相失败等问题；二是电压支撑方面，新能源无功支撑能力相比常规同步机组弱，系统短路容量和电压支撑能力下降，故障后送端暂态过电压问题突出；三是同步稳定与新形态稳定问题叠加，传统功角稳定性受到影响，电磁振荡问题日益凸显，电力电子设备、电力网络、控制器之间的交互作用可能引发系统宽频振荡问题。

2.3　思路与方案

西部北部清洁能源基地化开发在全国能源供应体系中具有战略支撑地位，但也面临高效消纳、广域配置、安全保供等一系列问题挑战，必须坚持新发展理念，以大视野、大格局、大思路提出加快西部北部清洁能源基地化开发、优化配置与高效利用的解决方案，走出一条中国特色的清洁能源基地化开发之路。总体思路是：深入贯彻落实习近平总书记“四个革命、一个合作”能源安全新战略和构建新型能源体系等重要论述，立足我国能源资源禀赋和消费格局，以构建新型能源体系和新型电力系统为导向，统筹解决清洁能源开发布局、灵活调节能力建设、电网配置平台功能发挥、系统安全稳定运行等重大问题，大力开发西部北部大型水风光基地，充分发挥其在能源供应中的战略支撑作用，满足本地及东中部电能需求；统筹建设和利用常规电源、常规抽水蓄能、新型储能、新型抽水蓄能等多元灵活调节资源，着力提升系统综合调节能力；加快构建西部坚强送端电网，有效促进清洁能源大范围互补互济和调节资源全局优化利用，切实提升电网的资源配置能力、安全稳定运行水平和适应极端天气的能力。通过“开发大基地、建设大电网、融入大市场”，实现清洁能源大规模开发、大范围优化配置和协同高效利用，为我国高质量发展提供充足、可靠、绿色、经济的能源保障。

大力开发西部北部风光电基地。按照“集约化规模化、经济优先、多能互补、风光协同、就近消纳”原则，充分挖掘西部北部大型风光电基地化开发潜力，以沙漠、戈壁、荒漠地区为开发重点，以周边煤电、气电、抽水蓄能、电化学储能以及未来新兴的电制氢和燃氢机组等调节资源为支撑，2060 年，西部北部地区大型风电、光伏、光热基地装机容量可达目前全国风光装机的 7 倍以上，装机占比达全国的一半以上，为构建新能源供给消纳体系提供坚强支撑。

加快推动西南水风光协同开发。充分发挥西南水电资源优势和灵活调节能力，实施水风光协同开发，推动新能源大规模开发消纳，大幅提升发输电设备利用效率。以金沙江、雅砻江、大渡河、乌江、怒江、澜沧江、南盘江/红水河、雅鲁藏布江八大流域为开发重点，2050年，八大流域干流水电基本开发完毕，装机规模约3亿千瓦，利用水电配套通道，发挥西南水电调节能力，支撑本地新能源大规模协同发展，并进一步跨区支撑西北新能源基地开发，满足更大范围资源优化配置。

利用新型抽水蓄能促进新能源开发。结合西南—西北跨流域调水，建设新型抽水蓄能工程，以新能源为动力源，以新型抽水蓄能为枢纽点，构建电—水协同的“输—储”网络，根据取水流域丰枯变化、新能源随机波动等情况，灵活采用异地抽发和就地抽发两种不同运行方式，既解决西部水资源优化配置问题，又为系统提供综合调节能力，促进更大规模清洁能源资源开发。

构建互联互济的西部送端电网。统筹西北沙戈荒大型能源基地、西南水风光综合基地开发外送，优化清洁能源基地送出方案；通过西北—西南电网互联，构建西部坚强送端电网，充分发挥利用跨区域清洁能源资源互补特性和西南水电、新型抽水蓄能工程的调节能力，构建互补互济、安全可靠、运行灵活的西部资源优化配置网络平台，满足西部经济社会发展用电需要，支撑清洁能源大规模开发外送。

2.4 小　　结

构建新型能源体系，建设新型电力系统，要求加快能源供应清洁替代，推动清洁能源大规模开发利用，清洁能源基地化开发具有规模大、效率高、占地省、成本低、开发速度快等优势，对于加快提高我国能源安全保障能力，推动能源结构低碳转型，促进经济社会高质量发展具有重要意义。

我国西部北部清洁能源具有资源丰富、开发便利、互补性强、经济性好等多重优势，适宜大规模基地化开发，是我国清洁能源基地化开发的重中之重，但也面临灵活调节、电网配置和安全支撑能力不足等问题与挑战，关键是研究提出推动西部北部清洁能源基地化开发的系统性解决方案。

（1）科学分析和准确评估西部北部清洁能源资源，优化布局、大力开发大型清洁能源基地。

（2）统筹建设和利用常规电源、常规抽蓄、新型储能、新型抽蓄等多元灵活调节资源，提升系统综合调节能力，实现西部新能源开发与调节资源配置以及水资源跨区调配协同发展。

（3）加快构建西部坚强送端电网平台，实现清洁能源大范围互补互济和调节资源全局优化利用，支撑大型清洁能源基地高效开发、送出和消纳，提高系统安全保供能力。

3

西部北部大型风光基地开发

以新能源精细化评估模型与平台工具为基础，综合分析了西部北部地区资源禀赋、地面覆盖物等影响风光新能源开发的主要条件与限制性因素，以省区为单位开展了风光新能源技术可开发量、开发成本、基地化开发潜力的系统分析。综合考虑开发潜力、电力流规划、输电通道以及各类调节资源分布，提出了我国西部北部地区 2030、2050 年大型风电、光伏与光热发电基地的布局。

3.1 资 源 评 估

3.1.1 影响因素分析

1. 风速

采用 Vortex 公司的风资源数据开展风能资源评估，包括风速、风向、空气密度和温度等[1]。我国西部北部地区距地面 100 米高度的全年风速范围为 2～10 米/秒，年平均风速的分布情况如图 3.1 所示，内蒙古巴彦淖尔、甘肃走廊北部、新疆北部等地最大风速可达 10 米/秒，是其中风速最高的地区。

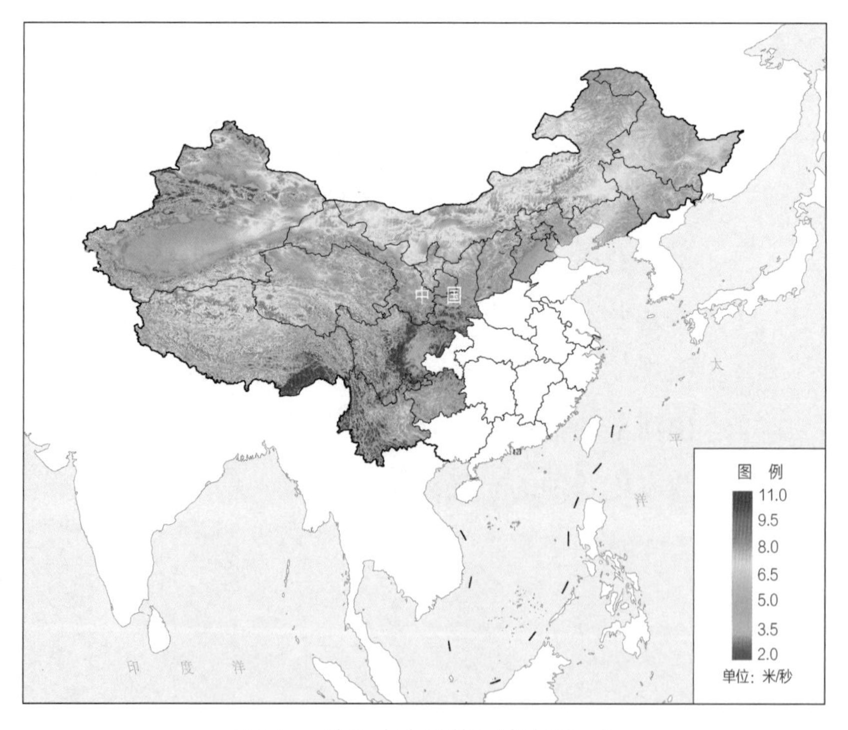

图 3.1　西部北部年平均风速分布示意

[1] 资料来源：VORTEX，Vortex System Technical Description，2017。

年平均风速在 5 米/秒以上的区域具备集中开发大型风电基地的条件，而我国西部北部地区年平均风速达到 5.47 米/秒，除四川、云南外的大部分省区都存在年平均风速高于 6 米/秒的资源优质区，非常适宜进行风能资源集中开发。具体分析西部北部各省区，风能资源富集区域主要集中在内蒙古阿拉善、巴彦淖尔、乌兰察布、锡林郭勒等地区，新疆东北部地区，甘肃酒泉以东大部分地区，宁夏北部地区，西藏、青海中西部地区，西藏、四川、云南横断山脉山区，部分地区年平均风速突破 7 米/秒，资源条件极佳；而位于西藏雅鲁藏布江河谷、四川盆地地区、新疆吐鲁番盆地等区域年平均风速低于 4 米/秒，风能资源禀赋较差。

2. 水平面总辐射量

采用 SolarGIS 计算发布的太阳能资源数据开展太阳能资源评估，资源数据包括水平面总辐射量 GHI、法向直接辐射量 DNI 和温度等[1]。西部北部地区太阳能资源丰富，太阳能水平面总辐射量分布情况如图 3.2 所示。

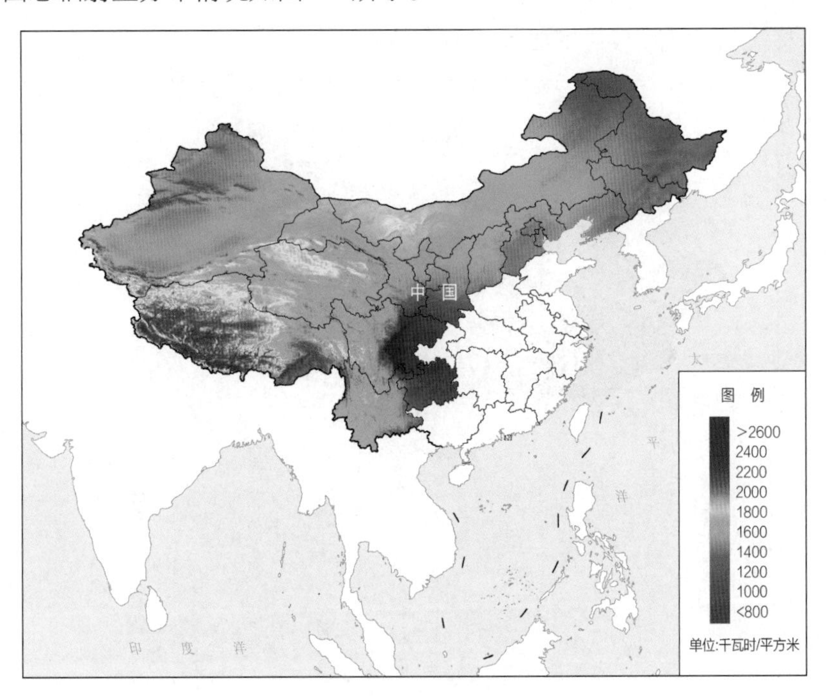

图 3.2 西部北部太阳能水平面总辐射量分布示意

西部北部地区水平面总辐射量范围为 760 ~ 2400 千瓦时/平方米，年均水平面总辐射

[1] 资料来源：SOLARGIS，Solargis Solar Resource Database Description and Accuracy，2016。

量约 1550 千瓦时/平方米。水平面总辐射水平较高、适宜开发光伏发电基地的区域主要集中在西藏中西部、青海西北部、内蒙古中西部、甘肃西北部、新疆东部、四川甘孜部分地区。其中太阳能最丰富地区包括内蒙古额济纳旗以西、甘肃酒泉以西、青海海西州的大部分地区，年总辐射量超过 1800 千瓦时/平方米。新疆天山北侧、四川盆地、西藏藏南地区等地受到纬度、地形等因素影响，水平面总辐射水平基本在 1000 千瓦时/平方米以下，太阳能资源禀赋相对较差。

3. 法向直接辐射量

光热资源评估采用太阳能法向直接辐射量数据，我国西部北部地区法向直接辐射量范围为 200～3100 千瓦时/平方米，年均法向直接辐射量约 1520 千瓦时/平方米，年法向直接辐射量大于 2000 千瓦时/平方米的区域主要集中在内蒙古、甘肃、新疆、青海、西藏等省区，总体分布情况如图 3.3 所示。从资源富集程度来看，适宜开发光热发电基地的区域主要集中在新疆东部、甘肃酒泉、青海西部、内蒙古阿拉善、巴彦淖尔及鄂尔多斯等地区以及西藏日喀则与阿里地区。

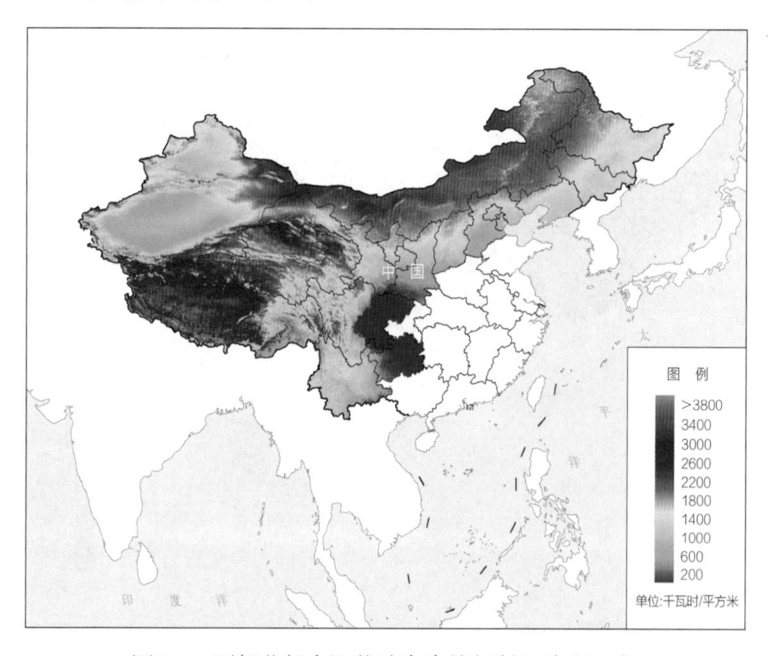

图 3.3　西部北部太阳能法向直接辐射量分布示意

4. 地面覆盖物

地表覆盖决定了地表的辐射平衡、水流和其他物质搬运、地表透水性能等，其空间分布与变化是地球系统模式研究、地理国（世）情监测和可持续发展规划等的重要基础性数据。对于风能、太阳能资源的开发利用，区域内地面覆盖物的类型与分布情况具有重要影响。从适宜大规模集中开发的土地资源角度分析，森林、耕地农田、水体湿地、城市和冰川是影响新能源集中开发的主要地面覆盖物限制性因素。图 3.4 给出了西部北部上述 5 种地面覆盖物的分布情况。

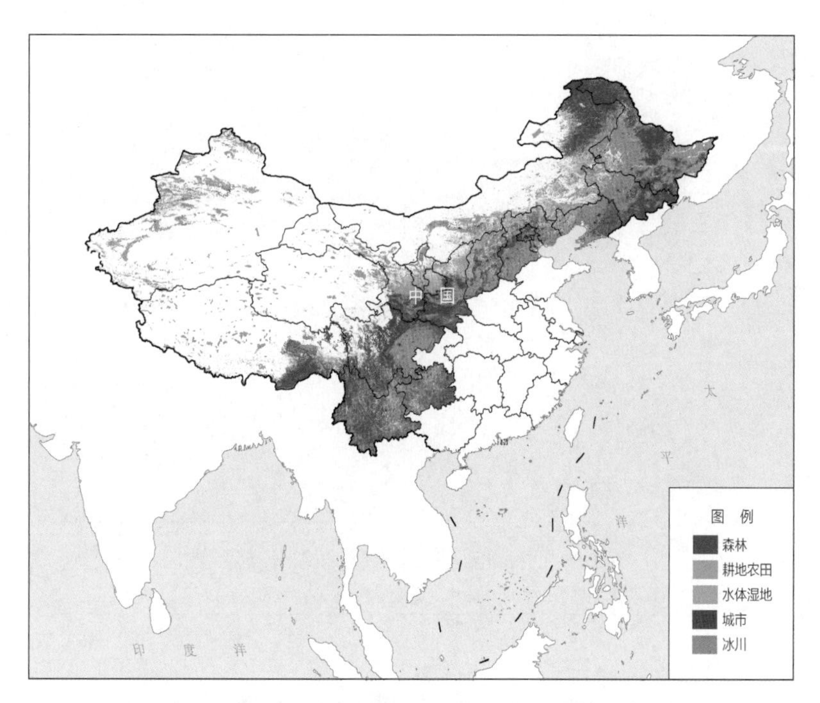

图 3.4 西部北部森林、耕地农田、水体湿地、城市和冰川分布示意

其中，西部北部地区的森林一方面多分布在西藏藏南地区、云贵高原山区、秦岭地区，上述区域属于亚热带季风气候，四季分明、雨热同期，也广泛分布着壳斗科、樟科、山茶科等常绿阔叶林；另一方面，东北地区大兴安岭、长白山等地区分布着以大兴安落叶松为主的针叶林。西部北部地区的耕地主要分布于东北平原、华北平原、河套地区、关中平原、四川盆地等地区，上述区域受到耕地分布制约不适宜进行大规模新能源的集中式开发利用。西部北部地区的河流与湖泊分布不均，如图 3.5 所示。

总体上，西部北部各省区不适宜规模化开发的地面覆盖物分布情况及其面积占比如图 3.6 所示。对比来看，黑龙江、吉林、云南、贵州等省份超过 80%的地表面积均被森林、耕地、冰雪等覆盖，大型新能源基地的建设条件不理想；甘肃、宁夏、青海、新疆、内蒙古 50%以上的地表面积均适宜集中开发新能源，其中青海、新疆、内蒙古等省区不适宜集中开发新能源的地表面积低于 25%，土地性质方面的制约相对较少，开发条件更好。

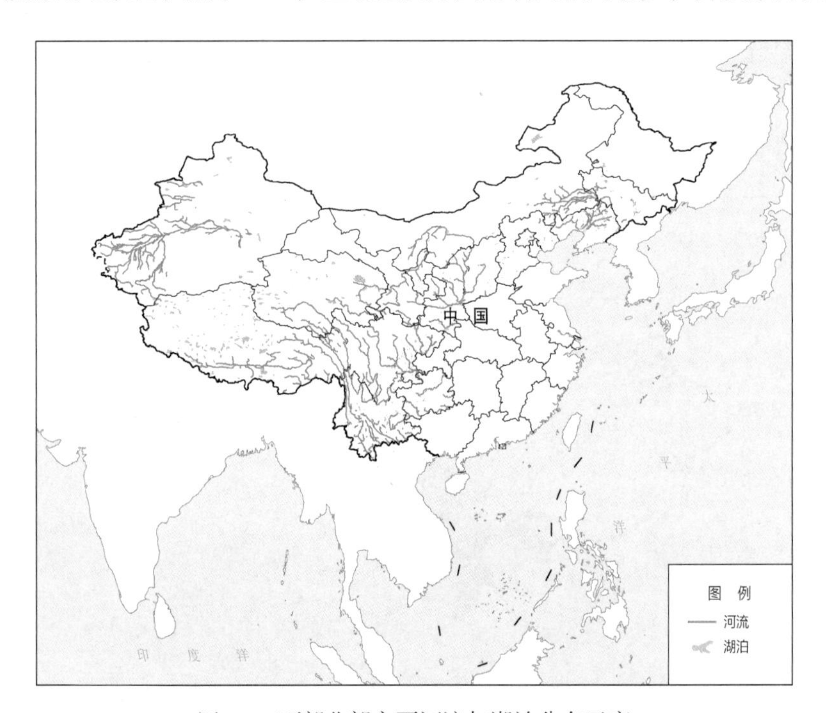

图 3.5 西部北部主要河流与湖泊分布示意

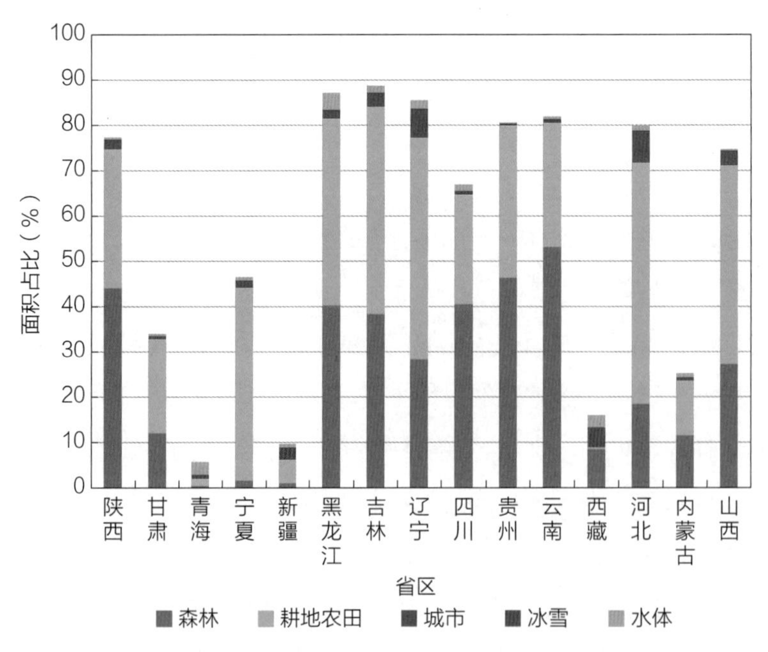

图 3.6 西部北部森林、耕地农田、城市、冰雪和水体面积占比示意

5. 草本植被、灌丛、裸露地表

从适宜大规模集中开发的土地资源角度分析，沙漠、戈壁、荒漠地区是未来风光新能源开发的重点区域，其中，草本植被、灌丛与裸露地表是沙戈荒地区的主要地表覆盖物，其分布情况将直接影响风能、太阳能资源评估与开发。图 3.7 给出了西部北部上述三种适宜集中开发的地面覆盖物的分布情况。总体上，适宜风电、光伏集中开发的地面覆盖物区域包括新疆大部分区域、内蒙古中西部地区、甘肃河西地区、青藏高原大部分地区等。对比来看，青海与新疆约有近 90%、内蒙古超过 70%的地表面积被草木植被、灌丛与裸露地表覆盖，适宜建设大型新能源基地，开发条件好；甘肃、宁夏适宜开发土地的面积占比约 50%，大型基地的建设条件较好；东北、云贵地区适宜集中开发的土地不足 20%，土地性质方面的制约相对较多。西部北部各省区草本植被、灌丛与裸露地表面积占比如图 3.8 所示。

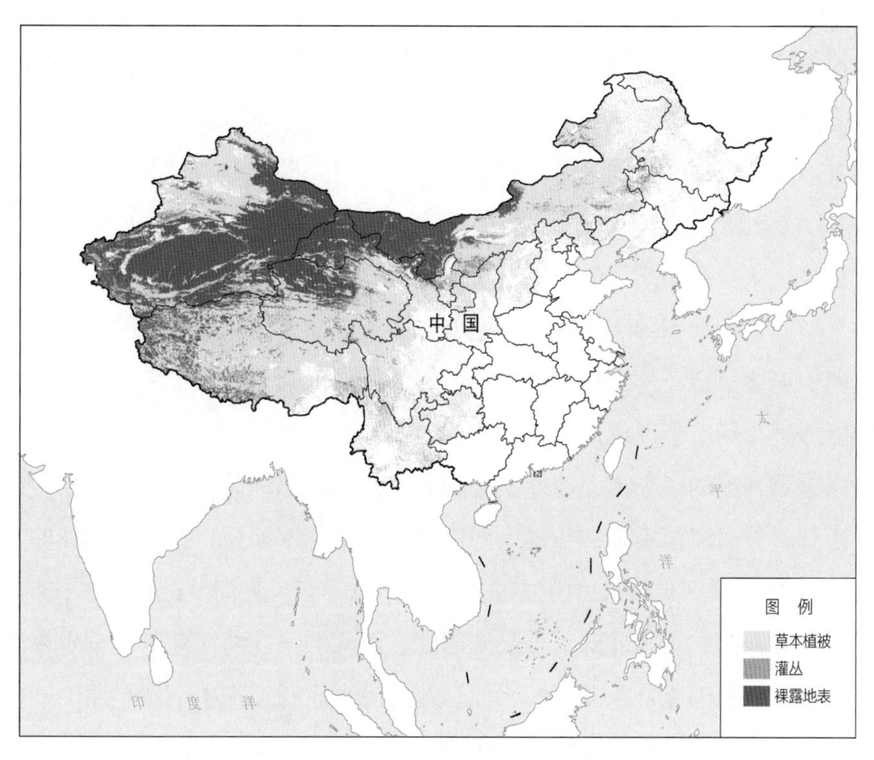

图 3.7 西部北部草本植被、灌丛与裸露地表分布示意

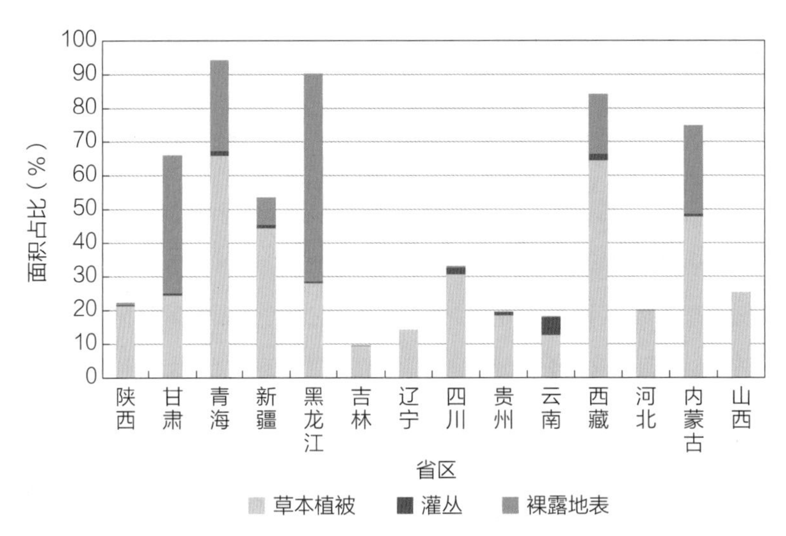

图 3.8　西部北部草本植被、灌丛与裸露地表面积占比示意

6. 沙漠类别与流动性

沙漠地区广泛包括了沙地、戈壁、盐碱地等多种类型，地面覆盖物主要为裸露地表以及少量低矮植被覆盖的灌丛。从技术可开发的角度，沙漠地区适宜进行风光新能源的规模化开发利用。我国沙漠地区分布及其流动性情况如图 3.9 所示[1]。全国沙漠地区约95%都集中分布在新疆、内蒙古、青海和甘肃四省区，呈现大面积连片分布。考虑到沙地作为沙漠地区中分布最广泛的类别，按照流动性特征可以进一步划分为流动沙地、半流动沙地、半固定沙地和固定沙地四种类型。由于流动、半流动沙地的地表景观特征是流沙呈大面积连续分布，从工程实践的角度，一般难以开展大型工程建设，大型风光新能源基地的选址布局应予以规避。

从全国来看，流动、半流动沙地主要集中在西部北部地区，具体分布在贺兰山以西的内蒙古西部、甘肃河西走廊和新疆南部以及青海柴达木盆地，总面积约 80 万平方千米，其中新疆 45.5 万平方千米、内蒙古 22.3 万平方千米、青海 9.6 万平方千米。固定及半固定沙地主要分布在新疆北部、青海湖周围、西藏的一江两河地区、宁夏东北部、陕西北部、内蒙古中东部以及东北三江平原、黄淮海平原和长江中下游平原的一些古河道和河漫滩，特点主要是流沙分布零星且规模小。

---

[1] 王建华，王一谋，颜长珍，祁元.（2013）. 中国 1:10 万沙漠（沙地）分布数据集. 时空三极环境大数据平台，DOI：10.3972/westdc.006.2013.db. CSTR：18406.11.westdc.006.2013.db。数据来源于国家自然科学基金委“中国西部环境与生态科学数据中心”（http：//westdc.westgis.ac.cn）。

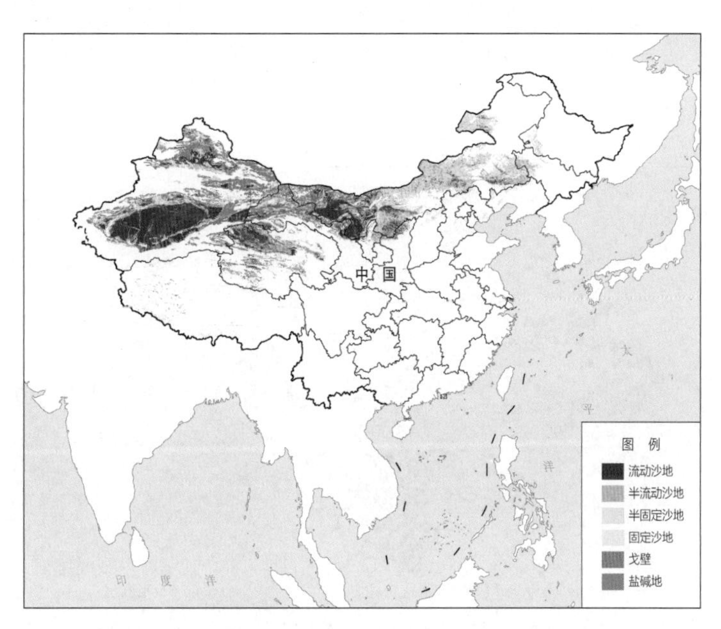

图 3.9 我国沙漠地区分布及其流动性情况示意

7. 地质地震情况

地质断层分布和历史地震频率是大型水电基地开发与选址研究的重要参考因素，构造板块边界、地质断层以及历史地震发生频率较高的区域一般不宜建设大型的水电项目。西部北部主要断层分布和历史地震情况如图 3.10 所示。历史地震高发区域主要集中在大陆板块交界处，横断山脉、青藏高原、天山两侧等区域历史地震发生频率高，地质构造稳定性较差，大型新能源基地选址开发需要规避相关区域。

8. 岩层分布

岩层类型及分布情况对于大型新能源基地的开发与选址研究同样重要，一般应选取地质条件稳定、近区无大型滑坡等地质灾害的区域建设基地。对于风电开发，特别是未来面向风机大型化的项目开发需求，基地建设区域应位于稳定、承载力强的基岩，如变质岩、火山岩等。西部北部主要岩层分布如图 3.11 所示。

9. 海拔

海拔超过 4000 米的高原，空气稀薄，风功率密度下降，同时多有冰川分布，建设难度大，不利于开发风能资源。高海拔地区大气散射作用减弱，有利于光伏发电，但是 4500 米以上高原多有冰川、常年冻土等分布，影响工程建设，光伏开发技术难度大、经济性差；同时高原生态脆弱，大型工程建设后的地表植被恢复困难。西部北部海拔分布如图 3.12 所示。青藏高原地区海拔高，西藏、青海、四川等省区部分地区大型风光新能源开发工程建设存在一定困难。

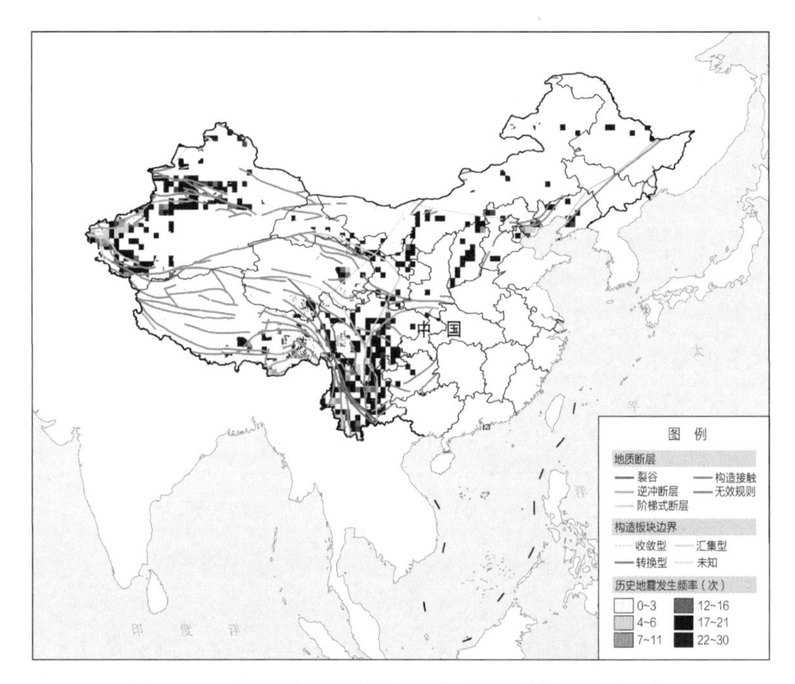

图 3.10 西部北部主要断层分布和历史地震情况示意

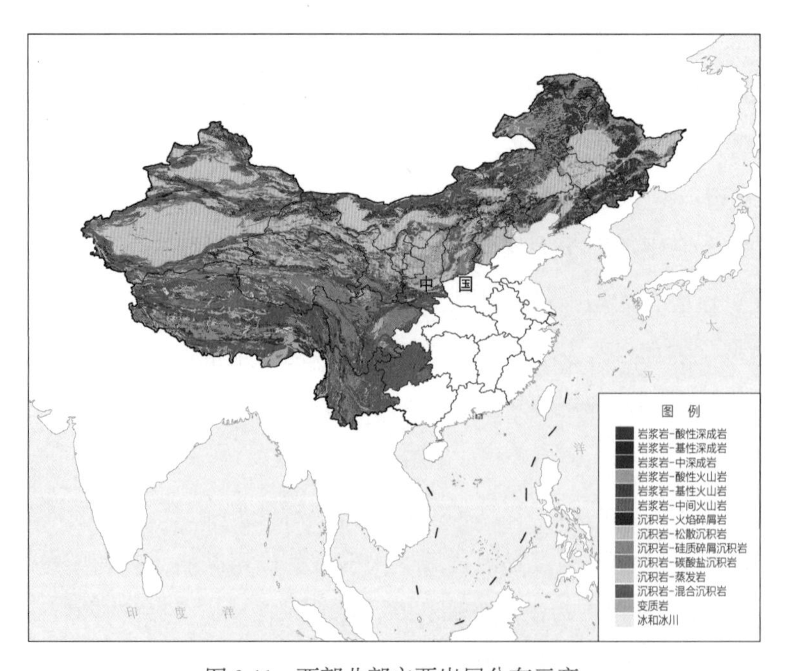

图 3.11 西部北部主要岩层分布示意

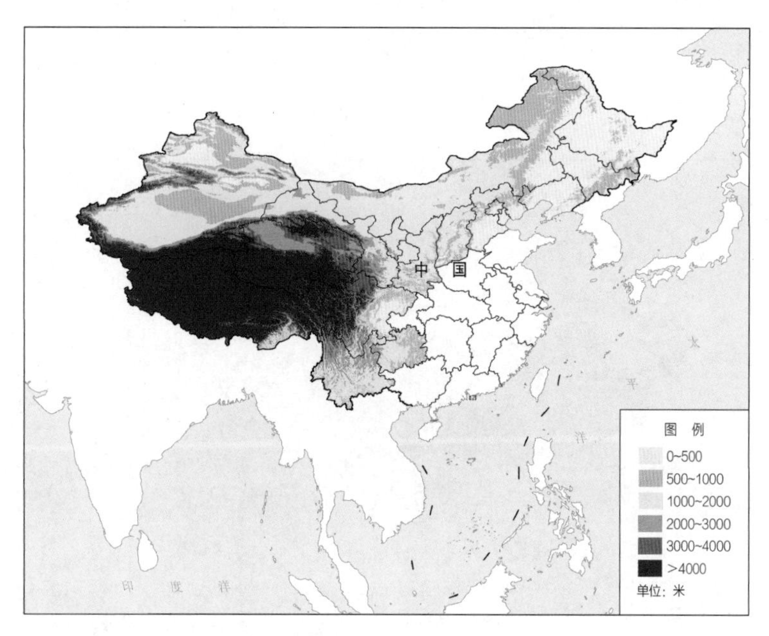

图 3.12 西部北部海拔分布示意

10. 坡向坡度

地面的坡向和坡度将影响光伏发电装置布置的角度和间距，从而影响单位面积可获得的发电量。采用数字高程模型，以 500 米为分辨率对全国范围的地理格点开展坡向和坡度计算，得出西部北部地形坡度分布，如图 3.13 所示。在光伏资源评估中，需要结合地理格点的经纬度及其坡向与坡度数据，计算光伏发电装置最佳倾角以及阵列间距等参数。对于风光新能源开发，坡度超过 30° 的陡峭地形不利于开展工程建设。

总体上，东北、华北地区地形坡度较小，新能源集中开发的地形条件好，新疆、西藏、云南、四川等省区部分区域地形坡度大，集中开发存在一定的地形条件制约。青藏高原东部与北部边缘区域、横断山区、天山南北两侧等部分地区分布有坡度超过 30° 的陡峭山区。

11. 保护区分布

保护区是影响清洁能源开发的重要限制性因素。一般情况下，大型风电、光伏基地的选址应规避所有类型的保护区。图 3.14 给出了西部北部主要保护区分布情况。保护区总数量超过 1000 个，类型包括内陆湿地、古生物遗迹、地质遗迹、森林生态、湿地生态、草原草甸、荒漠生态、野生动物、野生植物等，以森林生态、湿地生态等自然生态系统类为主，主要分布在青藏高原山区、横断山脉山区、黄河、长江、澜沧江等大型河流上游发源地。西藏、青海、四川保护区面积位居前列。青藏高原、横断山脉山区自然保护区分布广泛、数量多，风光新能源的规模化开发受保护区的制约相对较大。新疆、内蒙古的保护区面积占比不足 10%，保护区对于大型新能源基地开发的制约较小。

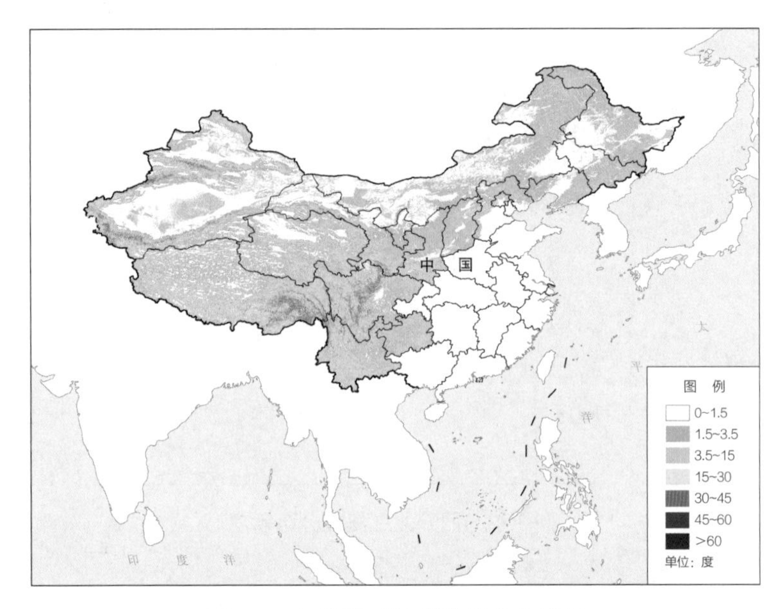

图 3.13　西部北部地形坡度分布示意

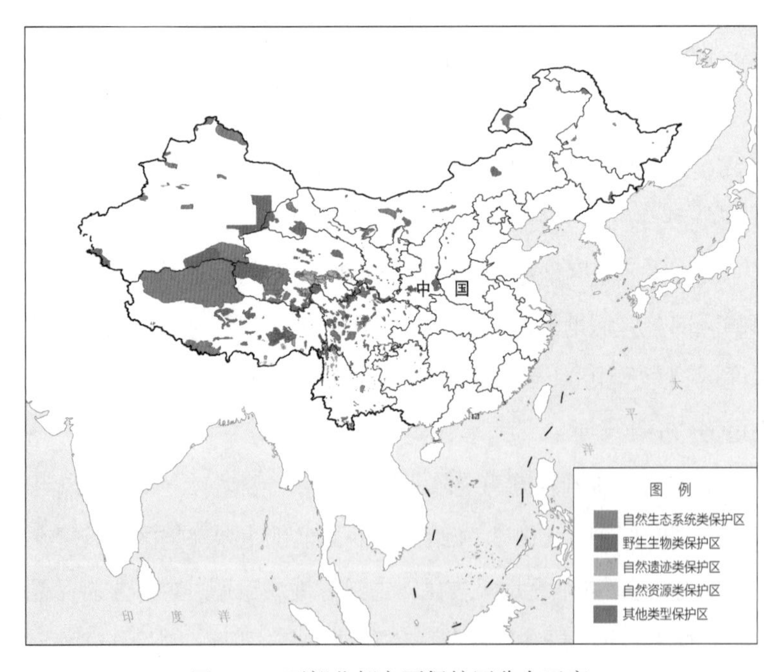

图 3.14　西部北部主要保护区分布示意

12. 公路交通设施

交通设施发达程度越高、公路干网等分布越广泛，越有利于大型新能源基地的建设，以及工程设备与材料的进场运输，提高基地开发经济性。开展风光新能源开发经济性研究，需结合交通设施的分布情况进行综合分析和测算。我国交通基础设施发展迅速，截至2020年年底，公路总里程突破520万千米，高等级公路达到17万千米，其中西部北部公路总里程超过260万千米，高等级公路超过8.5万千米[1]。四川公路里程达到40万千米，居各省区首位，如图3.15所示。道路基础设施对新能源基地开发建设成本有显著影响，为深入研究未来西部北部风电、光伏开发规划问题，布局未来大型新能源基地，本研究采用了国家发展改革委与交通运输部于 2022 年 7 月发布的《国家公路网规划（2022—2035 年）》中的规划路网数据，西部北部远期规划路网如图 3.16 所示。具体来看，华北平原、四川盆地等区域人口稠密、公路密布，是中国公路分布密集地区；青藏高原、横断山区、新疆南部沙戈荒地区、内蒙古西部地区鲜有公路穿越，多数地区距离最近的高等级公路距离超过200千米，基地开发的运输条件相对较差。

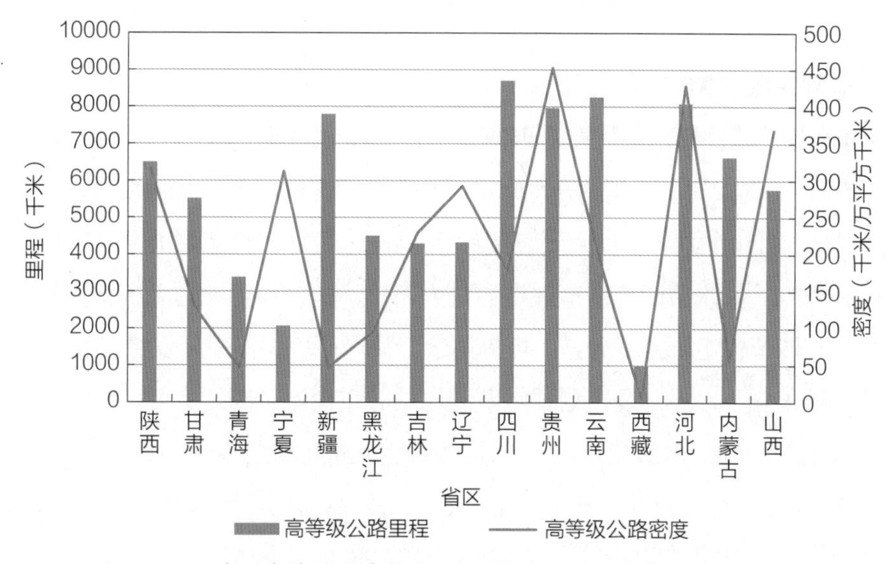

图 3.15 西部北部各省区高等级公路里程与密度对比图（2020 年）

[1] 中华人民共和国国家统计局. 中国统计年鉴 2021. 北京：中国统计出版社，2021。

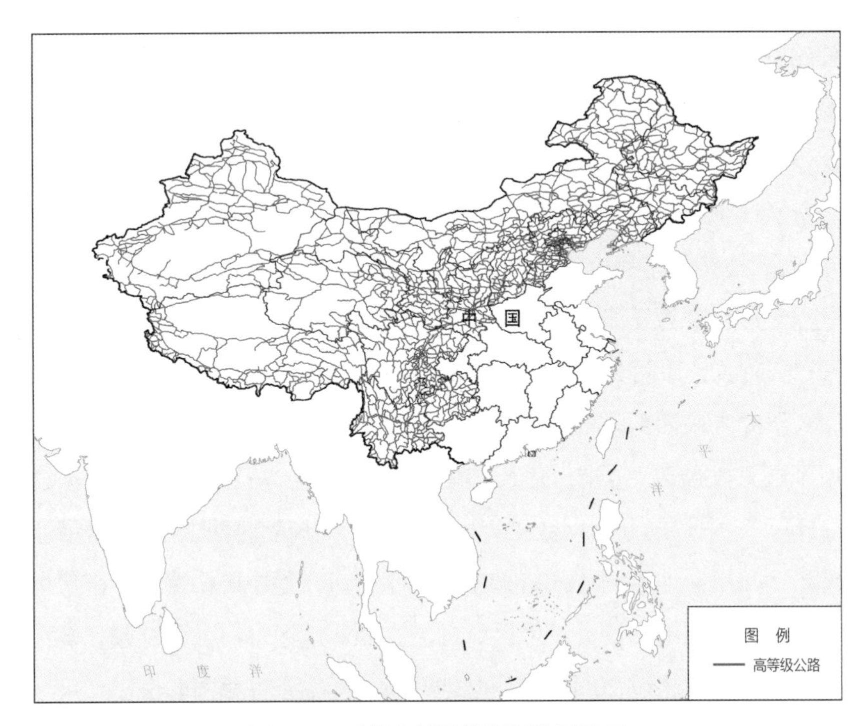

图 3.16　西部北部远期规划路网示意

13. 电网基础设施

电网基础设施条件越好，大型新能源基地的并网成本越小，越有利于开发集中式风电、光伏和光热发电基地。本书采用的开发成本评估模型中，将并网条件的影响纳入了平准化度电成本的测算。西部北部电网 110 千伏及以上基础设施热力分布情况如图 3.17 所示。

火电、水电、抽水蓄能等调节性电源可为高比例清洁能源电力系统提供稳定保障。通过新能源与调节性电源打捆外送，可提高新能源利用率，提高开发经济性。图 3.18 为西部北部已建火电、水电以及规划抽水蓄能电站分布情况。四川、云南、贵州、青海分布有大量水电站，截至 2021 年年底，四川省水电装机容量约 8890 万千瓦，云南省水电装机容量 7820 万千瓦，分别位居全国第一、第二。西北、华北地区保有大量火电装机，截至 2021 年年底，内蒙古自治区火电装机容量约 9830 万千瓦，位居西部北部省区之首，山西、新疆、河北等省区装机容量约为 7530 万、6850 万、5420 万千瓦。火电、水电能够在风光大发时段降低出力，尽可能消纳新能源电力，在风光出力不足时段增加发电，弥补电力不足。抽水蓄能电站作为一种成熟的储能技术，不仅能在风光出力不足时增加发电，也能在新能源大发时段储存富余电量，起到削峰填谷作用。

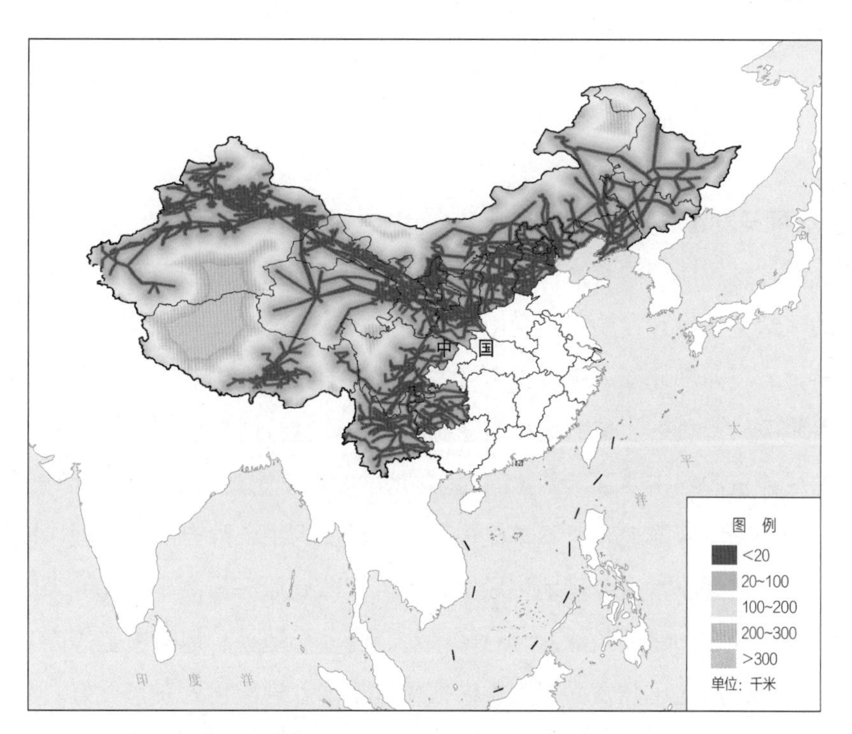

图 3.17 西部北部电网 110 千伏及以上基础设施热力分布示意

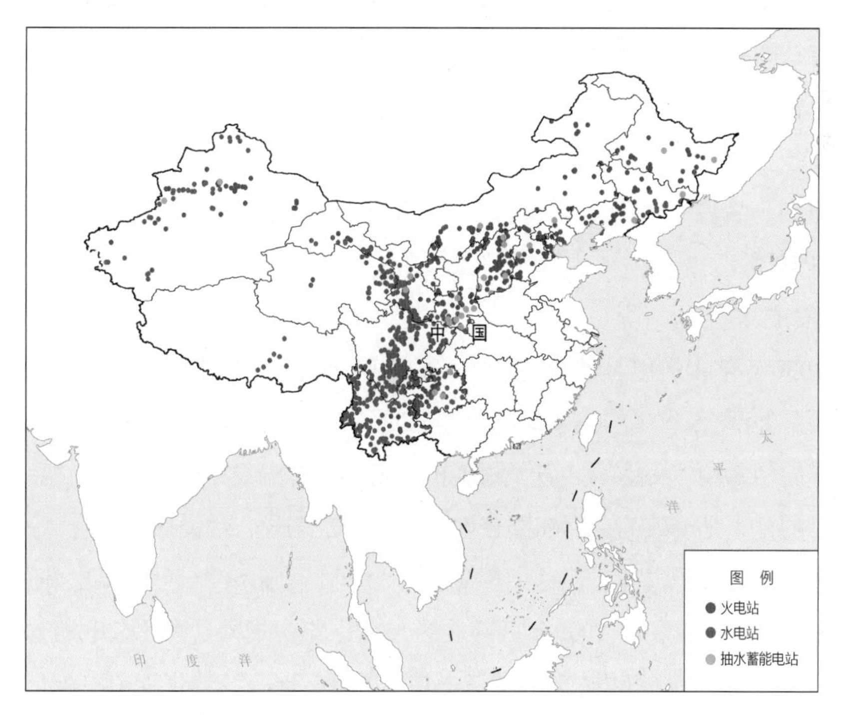

图 3.18 西部北部已建火电、水电以及规划抽水蓄能电站分布示意

3.1.2 风能资源评估

1. 技术可开发量

西部北部地区风能资源丰富，综合考虑资源和各类技术限制条件后，经评估测算，西部北部地区适宜集中开发的风能发电规模约 63 亿千瓦。

从分布上看，西部北部风电技术可开发区域主要集中在内蒙古鄂尔多斯、锡林郭勒盟，宁夏西北部，新疆东部等地区，部分地区平均风速超过 7 米/秒，新疆、内蒙古、甘肃三省区的风能资源约占西部北部 15 省区总量的 80%。上述大部分地区海拔在 3000 米以下，地面覆盖物以裸露地表、草本植被和少量灌丛为主，除自然保护区、地势陡峭区域外，绝大部分地区非常适合基地化风电开发。青藏高原海拔高于 5500 米区域工程建设难度大，风电开发的建设条件差。总体来看，受地形地貌、地物覆盖等因素影响，西部北部地区集中式风电可开发面积为 177 万平方千米，规模化开发条件好。

单位国土面积的风电装机容量及其年发电量是表征一个区域风电技术可开发资源条件的重要指标，但是装机容量受地形坡度影响较大，相比而言，采用年发电量与装机容量的比值，即装机利用小时数，更能反映区域风能资源技术开发条件的优劣。西部北部地区风电技术可开发装机的平均利用小时数约 2500 小时，新疆哈密市伊州区西北部，内蒙古巴彦淖尔市乌拉特中旗北部、赤峰市克什克腾旗西北部等地利用小时数超过 3500 小时，资源条件极为优异。西部北部地区风电技术可开发区域及利用小时数分布如图 3.19 所示。

2. 开发成本

按照 2050 年陆上风电装备的经济性水平测算，综合考虑交通和电网基础设施条件，测算得到西部北部 15 省区的集中式风力发电的平均开发成本为 0.15 元/千瓦时，风电开发成本分布如图 3.20 所示。风电开发成本的高低与技术开发条件的优劣，绝大多数情况下在空间上的分布是一致的，但在部分地区存在一定差异，沙漠腹地、青藏高原西部等地区尽管风力发电资源优异，但远离负荷中心，基础设施条件较差，风电开发成本高。

从各省区开发成本来看，2050 年西部北部 15 省区集中式风电的平均开发成本在 0.12～0.31 元/千瓦时之间，具备较好的经济性，其中，西藏、青海、新疆等省区的部分区域开发成本仍较高，这与青藏高原山区较差的交通及并网条件密切相关，具体如图 3.21 所示。

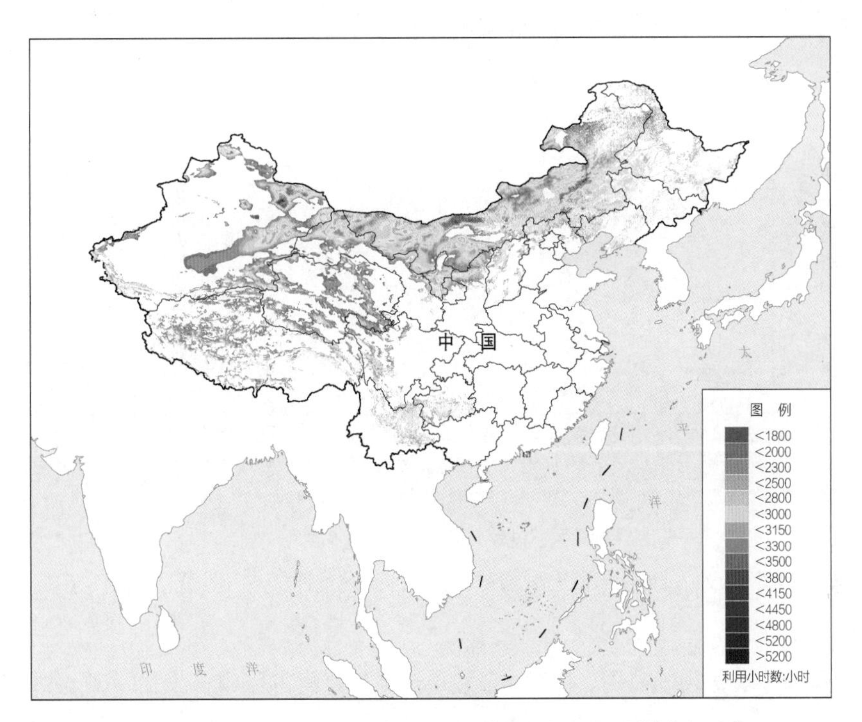

图 3.19 西部北部风电技术可开发区域及利用小时数分布示意

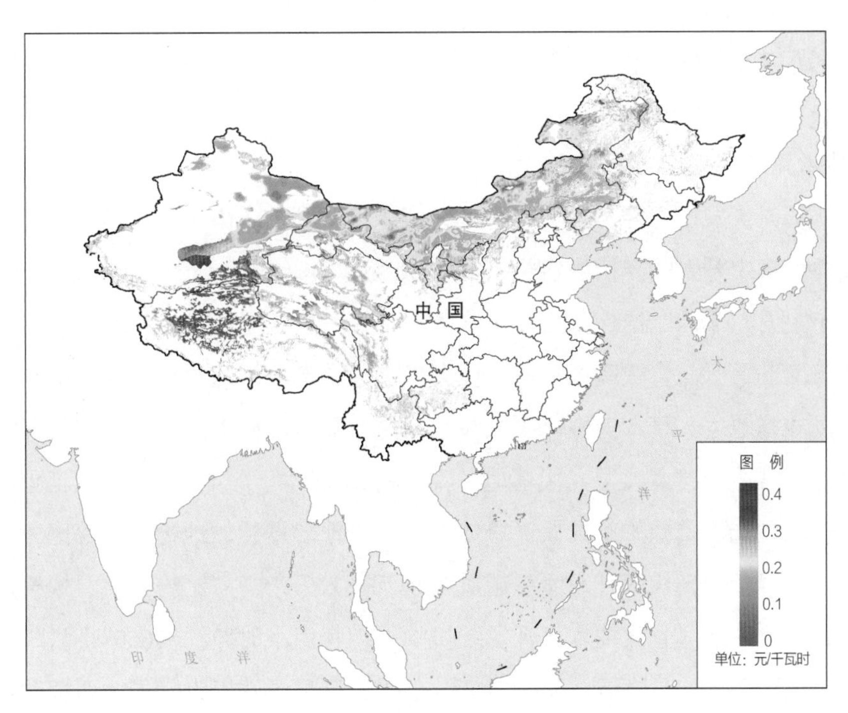

图 3.20 西部北部风电开发成本分布示意

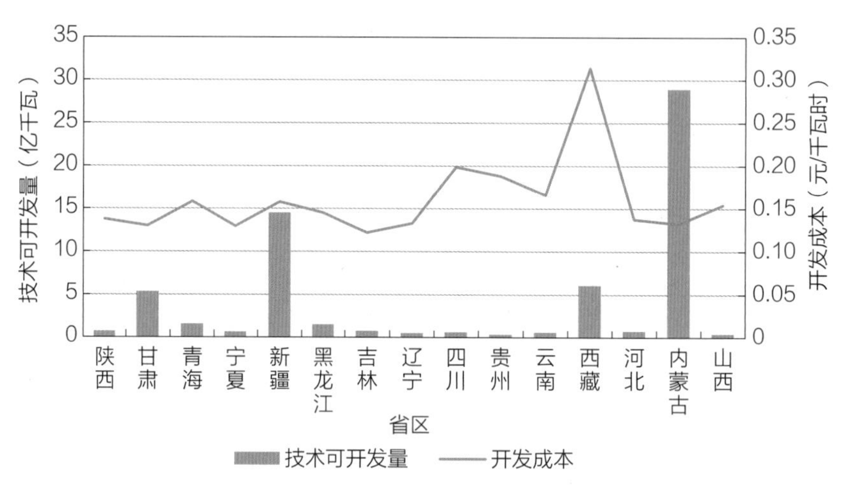

图 3.21　西部北部各省区风电技术可开发量评估与开发成本预测

从最经济的开发区域来看，甘肃、宁夏、吉林、内蒙古风电开发的平均成本低至 0.13 元/千瓦时，开发成本最低的地区在新疆哈密地区西北部，低于 0.11 元/千瓦时。

3.1.3　光伏资源评估

1. 技术可开发量

西部北部光伏发电资源优异，综合考虑资源和各类技术限制条件后，经评估测算，西部北部适宜集中开发的光伏发电规模约 1130 亿千瓦，年发电量近 190 万亿千瓦时。

从分布上看，西部北部光伏技术可开发区域主要集中在内蒙古西部地区、河套地区、新疆东部与南部地区、青藏高原东北部地区。上述大部分地区海拔在 4000 米以下，地面覆盖物以裸露地表、草本植被和少量灌丛为主，除自然保护区、地势陡峭区域外，绝大部分地区非常适合建设大型光伏基地。青藏高原海拔高于 4500 米区域工程建设难度大，集中式开发光伏资源的条件差。总体来看，受地形地貌、地物覆盖等因素的影响，西部北部地区集中式光伏可开发面积超过 300 万平方千米，占比约 40%，规模化开发条件极佳。西部北部地区光伏技术可开发装机的平均利用小时数约 1660 小时，最大值出现在西藏西部地区札达县附近，超过 2000 小时，资源条件极为优异。西部北部光伏技术可开发区域及利用小时数分布如图 3.22 所示。

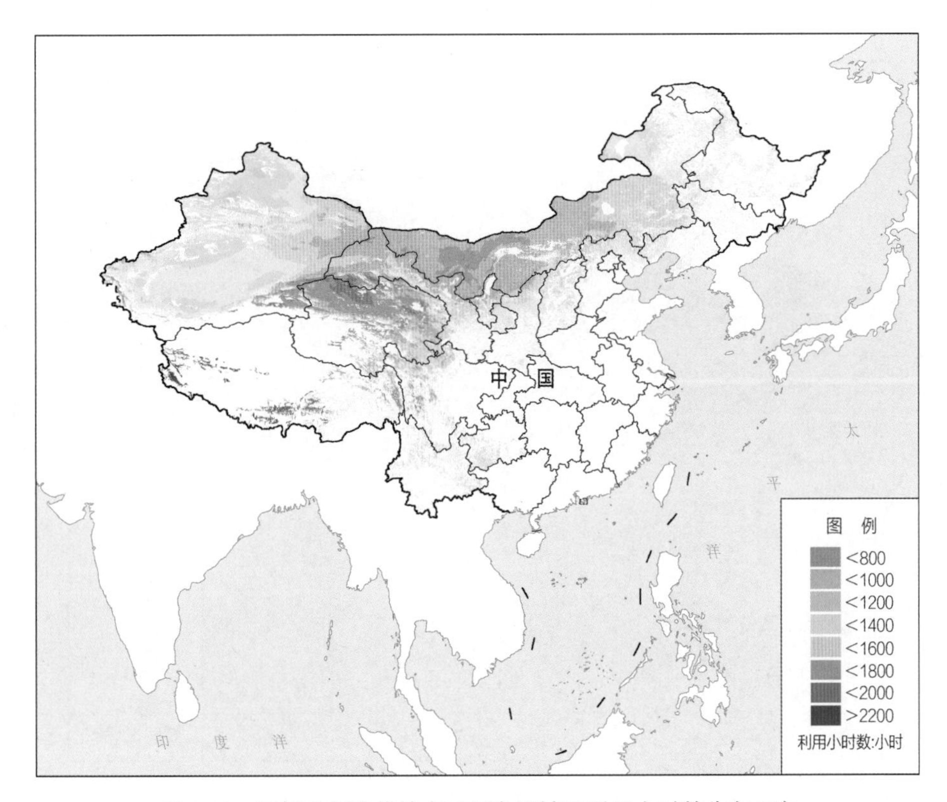

图 3.22 西部北部光伏技术可开发区域及利用小时数分布示意

2. 开发成本

按照 2050 年光伏装备的经济性水平测算，综合考虑交通和电网基础设施条件，西部北部集中式光伏发电的平均开发成本为 0.12 元/千瓦时，西部北部地区光伏开发成本分布如图 3.23 所示。光伏发电开发成本的高低与技术开发条件的优劣，绝大多数情况下在空间上的分布是一致的，但在部分地区存在一定差异。沙漠腹地、青藏高原西部等地区光伏技术开发条件优异，但远离负荷中心，基础设施条件较差，光伏发电开发成本高。西部北部各省区光伏技术可开发量评估与开发成本预测如图 3.24 所示。

从各省区开发成本来看，2050 年西部北部 15 省区的平均开发成本为 0.1 ~ 0.16 元/千瓦时，具有较好的开发经济性。其中，新疆等省区的部分区域开发成本仍较高，这与新疆塔克拉玛干等沙漠腹地较差的交通及并网条件密切相关，贵州与四川的部分地区由于资源条件欠佳以及山区开发难度大，开发成本较高。

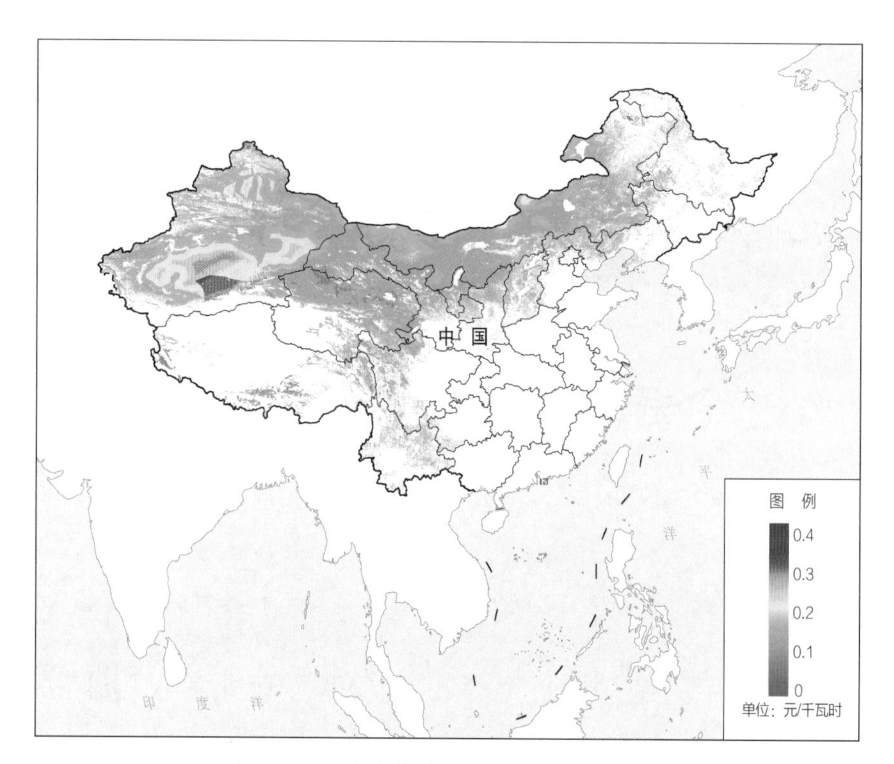

图 3.23 西部北部光伏开发成本分布示意

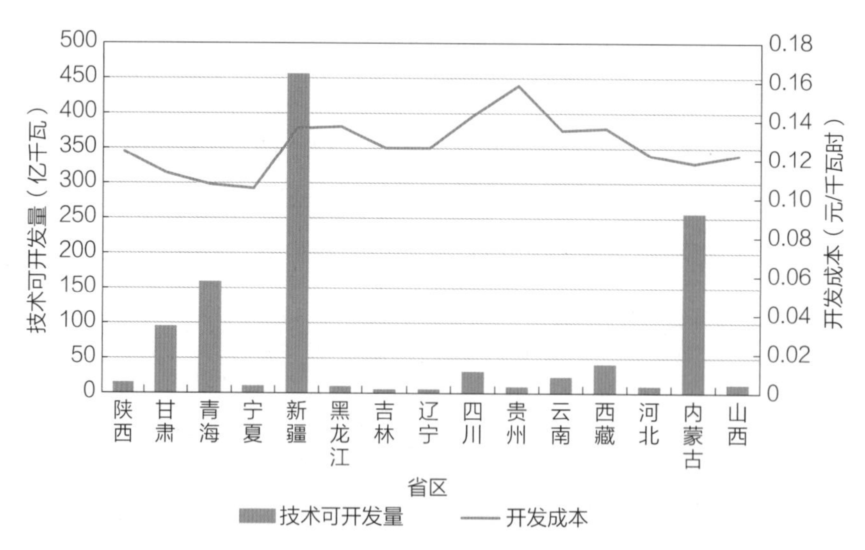

图 3.24 西部北部各省区光伏技术可开发量评估与开发成本预测

从最经济的开发区域来看，宁夏、青海、甘肃、内蒙古4个省区的平均光伏开发成本低于0.12元/千瓦时，其中最低成本地区在青海省德令哈市附近区域，为0.08元/千瓦时。

3.1.4 光热资源评估

1. 技术可开发量

西部北部地区太阳能光热发电资源良好，太阳能法向直接辐射量约1660千瓦时/平方米。光热资源集中于内蒙古、新疆、甘肃、青海、西藏五个省区内，综合考虑资源和各类技术限制条件后，经评估，适宜集中开发的光热发电规模约202亿千瓦，年发电量约75万亿千瓦时。

基地化开发光热资源需考虑多种技术因素，由于光热电站的运维过程需要消耗大量水资源，除太阳能资源、地面覆盖物、地形坡度等因素外，需将河流、湖泊等水资源分布纳入考量。因此，西部北部光热技术可开发区域主要集中在内蒙古中西部地区、河套地区、新疆东部与南部地区、青藏高原北部海拔较低地区。上述大部分地区海拔在4000米以下，地面覆盖物以裸露地表、草本植被和少量灌丛为主，除自然保护区、地势陡峭区域外，绝大部分地区非常适合建设大型光热基地。

五省区内光热技术可开发装机的平均利用小时数约3700小时，最大值出现在西藏自治区日喀则市附近，超过5900小时，资源条件极为优异。西部北部五省区光热技术可开发区域及利用小时数分布如图3.25所示。

2. 开发成本

按照2050年光热装备的经济性水平测算，综合考虑交通和电网基础设施条件，内蒙古、新疆、甘肃、青海、西藏五省区的集中式光热发电的平均开发成本为0.48元/千瓦时。西藏阿里地区东南部措勤县与尼玛县、内蒙古西部额济纳旗、青海德令哈市与海西蒙古族藏族自治州等地光热发电资源优异，部分地区年平均法向直接辐射量超过2600千瓦时/平方米，技术可开发利用小时数超过5500小时，平均成本最低可达到0.36元/千瓦时。而甘肃西部、新疆北部等地的部分区域，光热发电资源相对一般，加之处于沙漠与戈壁腹地、远离负荷中心，基础设施条件较差，光热发电开发成本较高。西部北部五省区光热开发成本分布如图3.26所示，光热技术可开发量评估与度电成本预测如图3.27所示。

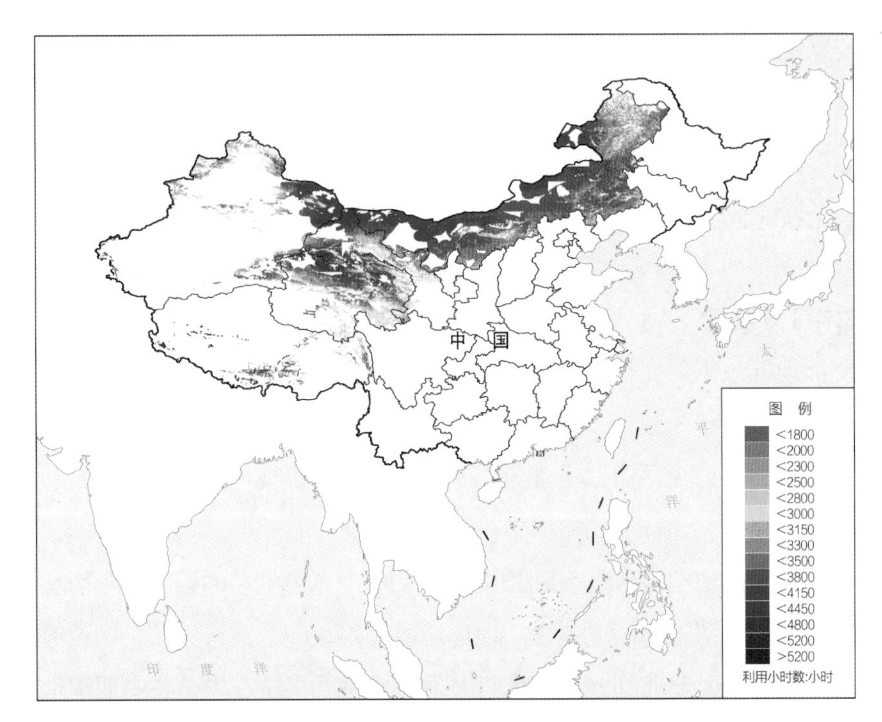

图 3.25　西部北部五省区光热技术可开发区域及利用小时数分布示意

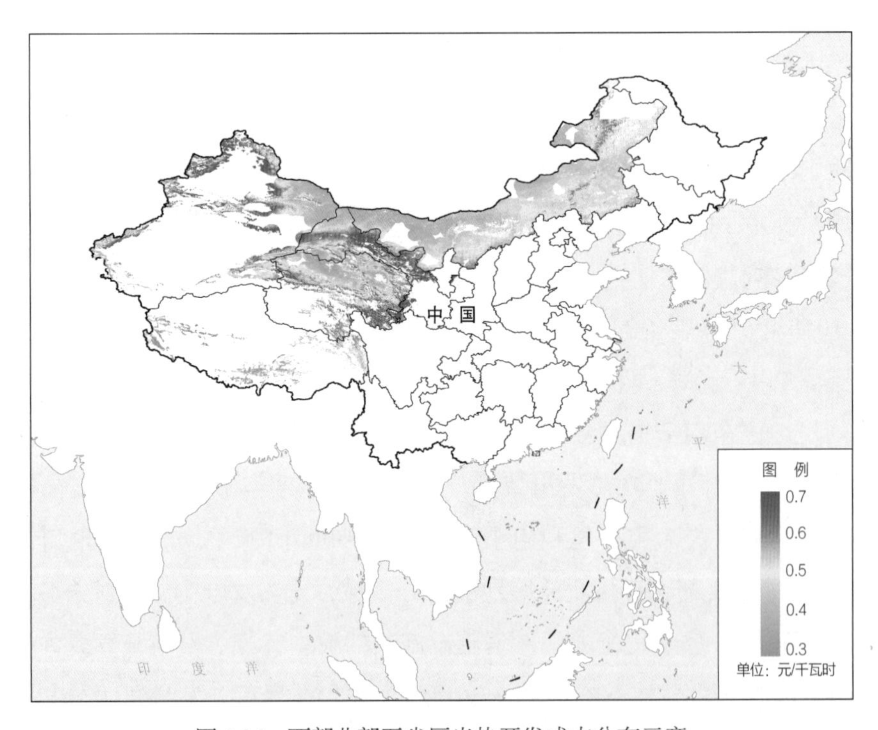

图 3.26　西部北部五省区光热开发成本分布示意

从平均水平来看，西藏自治区平均开发成本最低，低于 0.4 元/千瓦时，然而青藏高原海拔高，西藏地区受到地形、温度、地面覆盖物等因素影响，光热可开发用地少，同时电网基础设施、其他调节性电源建设规模不足，未来光热基地开发规模有限。

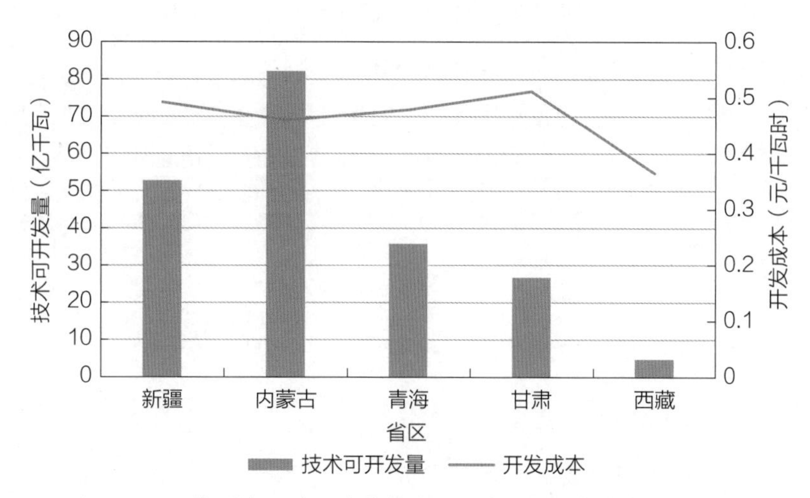

图 3.27 西部北部五省区光热技术可开发量评估与度电成本预测

3.2 开 发 潜 力

3.2.1 测算原则

风光新能源基地化开发潜力的测算是在技术可开发量评估的基础上进一步展开的，综合考虑集约化规模化、经济优先、多能互补、风光协同、就近消纳五项原则，利用全球清洁能源开发与分析平台 GREAN 和地理空间分析技术，分别测算西部北部各省区风电、光伏与光热基地化开发潜力以及空间分布。风光新能源基地化开发潜力主要评估指标和推荐参数如表 3.1 所示，主要包括基地开发建设条件，已有/规划大规模能源基地情况，与负荷中心距离，风电、光伏、光热基地的规模要求与经济性优选要求。

表 3.1　　风光新能源基地化开发潜力主要评估指标和推荐参数

序号	省区	基地开发建设条件	已有/规划大规模能源基地	与负荷中心距离	风电基地		光伏基地		光热基地	
					规模要求（万千瓦）	经济性优选要求	规模要求（万千瓦）	经济性优选要求	规模要求（万千瓦）	经济性优选要求
1	陕西	好	火电	一般	>100	20%~30%	>200	20%~30%	—	—
2	甘肃	极好	火电	较远	>200	10%~20%	>200	10%~30%	>100	3%~5%
3	青海	一般	水电	远	>100	20%~30%	>300	5%~10%	>100	3%~5%
4	宁夏	好	火电	较远	>100	20%~30%	>200	10%~30%	—	—
5	新疆	极好	—	远	>200	10%~20%	>300	5%~10%	>200	3%~5%
6	黑龙江	一般	—	较远	>10	50%~80%	>50	30%~50%	—	—
7	吉林	好	—	一般	>50	30%~50%	>50	30%~50%	—	—
8	辽宁	一般	—	较近	>10	50%~80%	>50	30%~50%	—	—
9	四川	一般	水电	一般	>10	50%~80%	>50	30%~50%	—	—
10	贵州	一般	水电	一般	>10	50%~80%	>50	30%~50%	—	—
11	云南	一般	水电	较远	>10	50%~80%	>50	30%~50%	—	—
12	西藏	一般	水电	远	>10	50%~80%	>200	10%~30%	>50	3%~5%
13	河北	一般	—	近	>10	30%~50%	>50	30%~50%	—	—
14	内蒙古	极好	—	一般	>200	10%~20%	>200	10%~30%	>100	3%~5%
15	山西	一般	—	较近	>10	30%~50%	>50	30%~50%	—	—

（1）集约化规模化原则。根据不同省区风、光技术可开发量与分布情况，优先选择成片的优质资源区进行大规模集中式基地开发。

结合区域资源禀赋、地面覆盖物类型、地形坡度、道路交通以及电网基础设施分布情况，将不同区域的基地建设条件分为极好、好、一般三类，分别对应不同的基地成片开发规模要求，对于总技术可开发量低于此限制的零散、破碎、小型待开发区域，不予重点开发。对内蒙古、甘肃、新疆等基地建设条件极好的省区，风电、光伏基地成片开发的规模限制均应达到200万千瓦；对于开发条件相对一般的四川、贵州等省份，风电、光伏基地成片开发的规模限制可因地制宜地设置为高于10万、50万千瓦。

（2）经济优先原则。参考风光开发成本测算结果，开展成片区域内的经济性优选，剔除沙漠腹地、戈壁等基地开发条件差、经济性差的区域。

研究中将基地开发的场外交通成本和并网成本纳入开发成本测算模型，按照由易到难、分阶段开发原则，就近将沙戈荒地区边缘、穿越公路沿线、村庄等人口聚集区的周边、电网等基础设施分布区域作为经济性优选的重点区域，具体比选区域平均开发成本。结合各省区实际情况，可以因地制宜地设置不同的经济性优选参数，对内蒙古、新疆等规模化开发条件极好的省区，应按照全区风电、光伏和光热发电的开发成本从低至高排序，优先选择前20%、10%的区域作为基地化开发的经济性优选区域；对于云南、山西等规模化开发条件一般的省份，应剔除开发成本最高的20%、50%的地区。

（3）多能互补原则。结合水电、火电、抽水蓄能、光热等已建与规划电源分布，优先在灵活性电源聚集地区开发大型风光基地。

我国西部北部的陕西、山西、宁夏等省份保有大规模火电装机，可以为高比例电力系统提供稳定保障；四川、西藏、云南等省区已建和规划了大规模水电、抽水蓄能电站，是未来清洁能源高效利用的重要支撑；内蒙古、青海等省区规划光热基地，可以提高系统灵活性。上述灵活性电源聚集地区可优先开发大型风光基地。

（4）风光协同原则。由于风电、光伏与光热发电原理的差异，单位国土面积上的能量密度与发电能力相差近十倍，总体呈现光多风少的特征。因此，开发大型光伏基地时，应参考风能优质地区分布，优先开发距离风能优质地区较近的大型光伏电站，协同规划风光基地，充分发挥源端风光资源互补效益。在考虑光热基地开发时，应参考河流、湖泊等水资源分布以及光伏优势区域分布，优先开发距离水资源 50 千米近区内、临近光伏基地的光热基地。

（5）就近消纳原则。结合负荷中心分布，优先开发送电距离较近的风光基地，提高消纳经济性。我国华北、东北地区的河北、山西、辽宁等省份靠近负荷中心，基础设施完善，利于就近消纳。

3.2.2 风能开发潜力

西部北部风电基地化开发区域及利用小时数分布如图 3.28 所示，与技术可开发区域相比，主要剔除了西藏、新疆、青海部分开发成本高、不适宜基地化开发的地区。

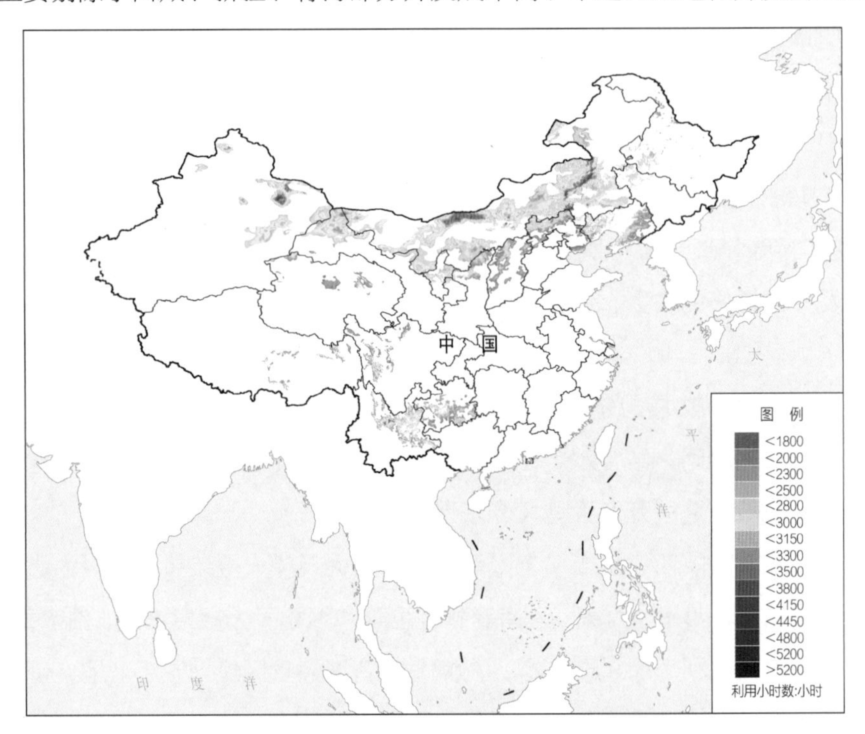

图 3.28 西部北部风电基地化开发区域及利用小时数分布示意

经评估，西部北部地区大型风电基地化开发潜力约 29 亿千瓦，基地化开发区域内平均利用小时数约为 2750 小时，内蒙古巴彦淖尔、锡林郭勒地区，新疆哈密地区风电资源优越，规模化开发成本低，适合大规模基地化开发。内蒙古、新疆、甘肃三省区的开发潜力最高，分别为 15.6 亿、4.7 亿、3.4 亿千瓦。

按照 2050 年风电装备的经济性水平测算，综合考虑交通和电网基础设施条件，西部北部地区基地化开发成本为 0.13 元/千瓦时。甘肃、宁夏、内蒙古三省区平均开发成本最低，低于 0.12 元/千瓦时，经济性最优的基地化开发区域为青海省德令哈市附近，为 0.08 元/千瓦时。西部北部风电基地化开发区域及开发成本分布如图 3.29 所示。

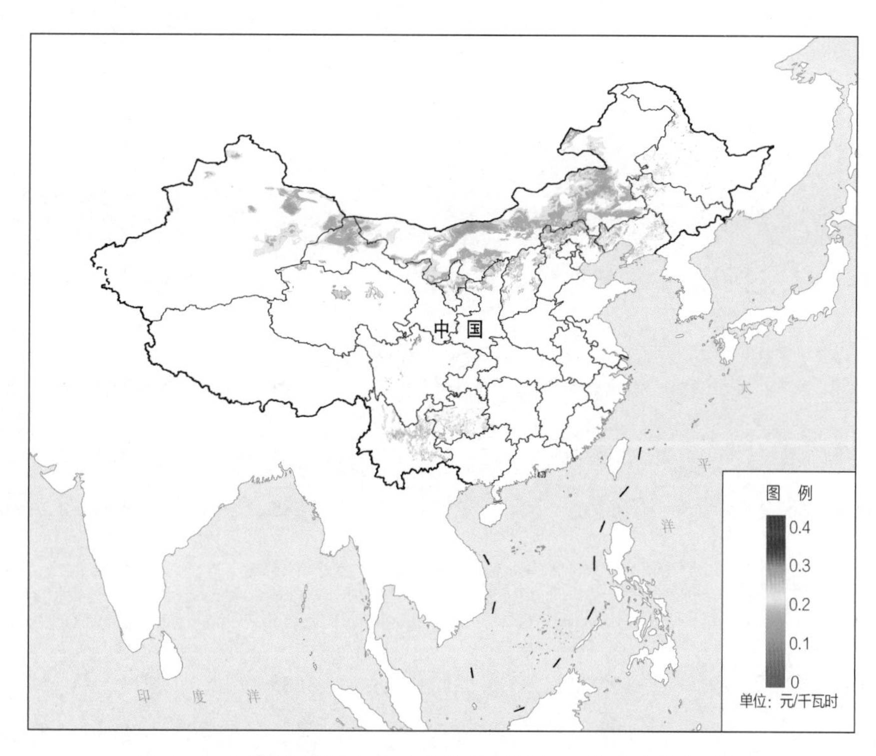

图 3.29 西部北部风电基地化开发区域及开发成本分布示意

西部北部 15 省区风能资源评估结果见表 3.2，包括技术可开发量、基地化开发潜力以及基地平均开发成本。

表 3.2 西部北部 15 省区风能资源评估结果

序号	省区	平均风速（米/秒）	技术可开发量		基地化开发潜力		基地平均开发成本（元/千瓦时）
			开发规模（万千瓦）	利用小时数（小时）	开发潜力（万千瓦）	利用小时数（小时）	
1	陕西	4.73	6783	2393	5073	2451	0.13
2	甘肃	5.38	53401	2570	34432	2803	0.12
3	青海	5.77	15775	2065	9151	2165	0.16
4	宁夏	5.88	6278	2494	3740	2634	0.12
5	新疆	5.05	144814	2413	47505	2845	0.14
6	黑龙江	5.56	15243	2313	3907	2450	0.14
7	吉林	5.72	7258	2664	3223	2685	0.12

续表

序号	省区	平均风速（米/秒）	技术可开发量		基地化开发潜力		基地平均开发成本（元/千瓦时）
			开发规模（万千瓦）	利用小时数（小时）	开发潜力（万千瓦）	利用小时数（小时）	
8	辽宁	5.79	4966	2525	2819	2527	0.12
9	四川	4.63	6032	2239	4291	2321	0.18
10	贵州	5.2	3379	2187	1633	2258	0.17
11	云南	4.85	5755	2444	3119	2566	0.16
12	西藏	5.94	60679	2174	3575	2389	0.23
13	河北	5.12	7517	2421	5863	2521	0.13
14	内蒙古	6.19	289507	2644	156221	2810	0.12
15	山西	4.95	4005	2188	3285	2223	0.15
总体		5.47	631392	2499	287837	2746	0.13

值得说明的是，上述风电基地以及下述光伏发电基地的开发成本没有计及配套调节资源带来的系统成本。为指导大型基地开发布局，本书也量化分析了不同调节资源与风电光伏电源开发规模的优化配比以及相应的系统成本。分析表明，在相同技术条件下（外送通道利用小时数 6000 小时并匹配受端负荷特性送电、电力保证率 95%、新能源利用率 90%），有源型调节资源与风电光伏电源的配比为 1:2.1 ~ 1:2.5，即火电、水电、光热等有源型调节资源可支撑开发 2.1 ~ 2.5 倍容量的风电光伏电源；储能、抽水蓄能等无源型调节资源与风电光伏电源的配比为 1:3 左右，新型抽水蓄能（见第 5 章）与风电光伏电源的配比为 1:3.5。在没有火电和水电的情况下，还需要配置长期储能以解决新能源与负荷间的季节性不平衡问题。技术方面，无源型调节资源的电力保证率普遍更高，有源型调节资源由于可调容量占比较低，且仅具有正向调节能力，保证率普遍偏低，弃风弃光率偏高，风光+水与风光+火组合的保证率最低，光热次之。经济方面，有源型、无源型以及新型抽水蓄能具有不同的系统综合成本，风光+新型抽水蓄能电源组合的度电成本最低，风光+水次之，风光+光热最高。配置新型抽水蓄能的系统成本为 0.25 元/千瓦时，与配置电储能、传统抽水蓄能相比下降超过 25%。

3.2.3 光伏开发潜力

参考西部北部不同省区的社会经济、能源发展规划，优先选择成片、经济性良好的优质资源区域进行大规模光伏基地化开发；进一步考虑风光基地协同规划原则，结合大型风电基地化开发潜力测算结果，优先开发距离较近的大型光伏电站。西部北部光伏基地化开发区域及利用小时数分布如图 3.30 所示。

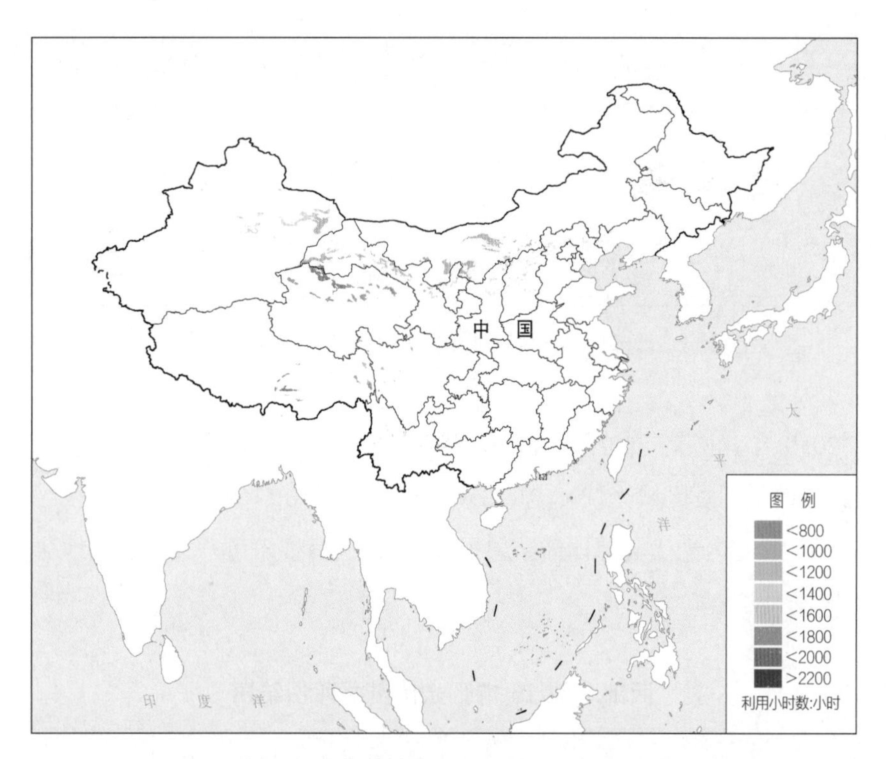

图 3.30 西部北部光伏基地化开发区域及利用小时数分布示意

经评估，西部北部地区大型光伏基地化开发潜力约 50 亿千瓦，基地化开发区域内平均利用小时数为 1770 小时，青海海西地区、内蒙古阿拉善、新疆哈密地区、河套地区、甘肃河西走廊地区光伏资源优越，规模化开发成本低，适合基地化开发。青海、新疆、内蒙古、甘肃四省区的开发潜力最高，分别为 12.9 亿、10.4 亿、9.9 亿、8.2 亿千瓦。西部北部光伏基地化开发区域及开发成本分布如图 3.31 所示。

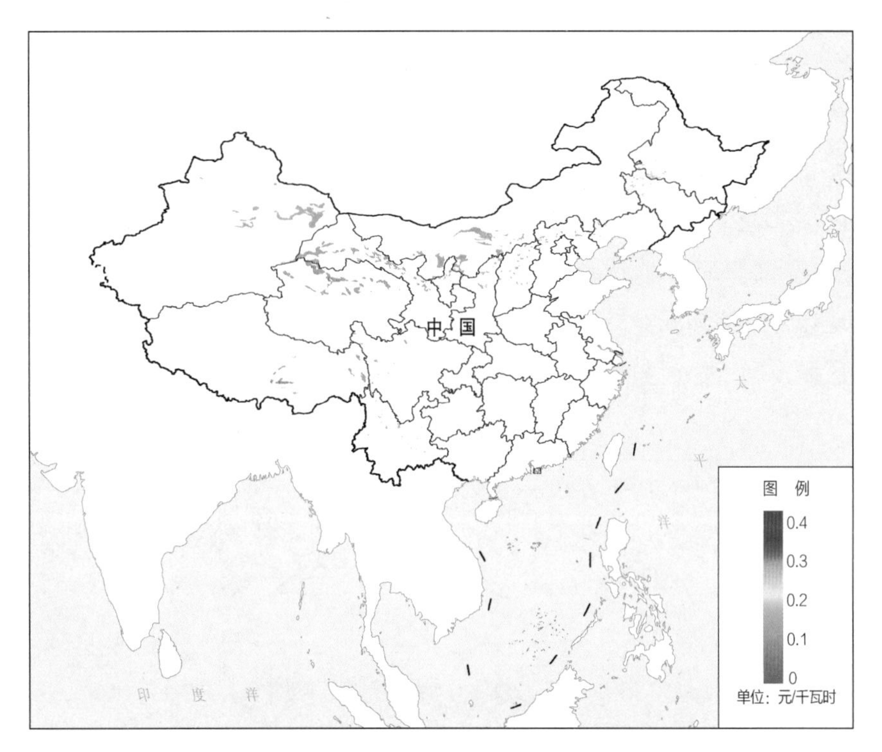

图 3.31 西部北部光伏基地化开发区域及开发成本分布示意

按照 2050 年光伏装备的经济性水平测算，综合考虑交通和电网基础设施条件，西部北部地区基地化开发区域光伏发电的平均开发成本为 0.11 元/千瓦时。

西部北部 15 省区光伏资源评估结果见表 3.3，包括技术可开发量、基地化开发潜力以及基地平均开发成本。

表 3.3　　西部北部 15 省区光伏资源评估结果

序号	省区	水平面年辐射量（千瓦时/平方米）	技术可开发量		基地化开发潜力		基地平均开发成本（元/千瓦时）
			开发规模（万千瓦）	利用小时数（小时）	开发潜力（万千瓦）	利用小时数（小时）	
1	陕西	1386	150588	1596	6155	1635	0.12
2	甘肃	1574	947842	1710	82200	1731	0.11
3	青海	1669	1591233	1798	128973	1888	0.10
4	宁夏	1607	99835	1683	5055	1716	0.11

续表

序号	省区	水平面年辐射量（千瓦时/平方米）	技术可开发量		基地化开发潜力		基地平均开发成本（元/千瓦时）
			开发规模（万千瓦）	利用小时数（小时）	开发潜力（万千瓦）	利用小时数（小时）	
5	新疆	1522	4459619	1570	104366	1688	0.12
6	黑龙江	1344	98829	1479	6692	1526	0.14
7	吉林	1405	54303	1564	3771	1593	0.13
8	辽宁	1434	56961	1568	2021	1617	0.12
9	四川	1331	307686	1668	8776	1734	0.12
10	贵州	1126	92123	1231	3726	1301	0.15
11	云南	1527	230797	1542	5967	1640	0.12
12	西藏	1808	412630	1939	30400	1942	0.12
13	河北	1464	97596	1627	4799	1636	0.12
14	内蒙古	1574	2559895	1728	99200	1756	0.11
15	山西	1519	119332	1608	6673	1649	0.12
总体		1543	11279269	1664	498774	1769	0.11

3.2.4 光热开发潜力

根据太阳能光热资源分布，参考不同省区的社会经济、能源发展规划，优先选择成片、经济性良好的优质资源区域进行大规模集中式光热基地开发。按照多能互补原则，配置大容量储热系统的光热电站，能够与光伏电站联合运行，提高外送通道利用率，应当考虑“光伏+光热”模式，优先规划光伏基地附近光热资源开发。

经评估，内蒙古、新疆、甘肃、青海、西藏 5 个光热重点开发省区的光热基地化开发潜力 4.2 亿千瓦，基地化开发区域内平均利用小时数约为 4070 小时。西部北部光热基地化开发区域及利用小时数分布如图 3.32 所示。青海海西地区、内蒙古阿拉善、新疆哈密地区、河套地区、甘肃河西走廊地区光热资源优越，规模化开发成本低，适合大规模基地化开发，甘肃、青海、新疆、内蒙古、西藏的开发潜力分别为 0.5 亿、0.8 亿、1.1 亿、1.6 亿、0.2 亿千瓦。

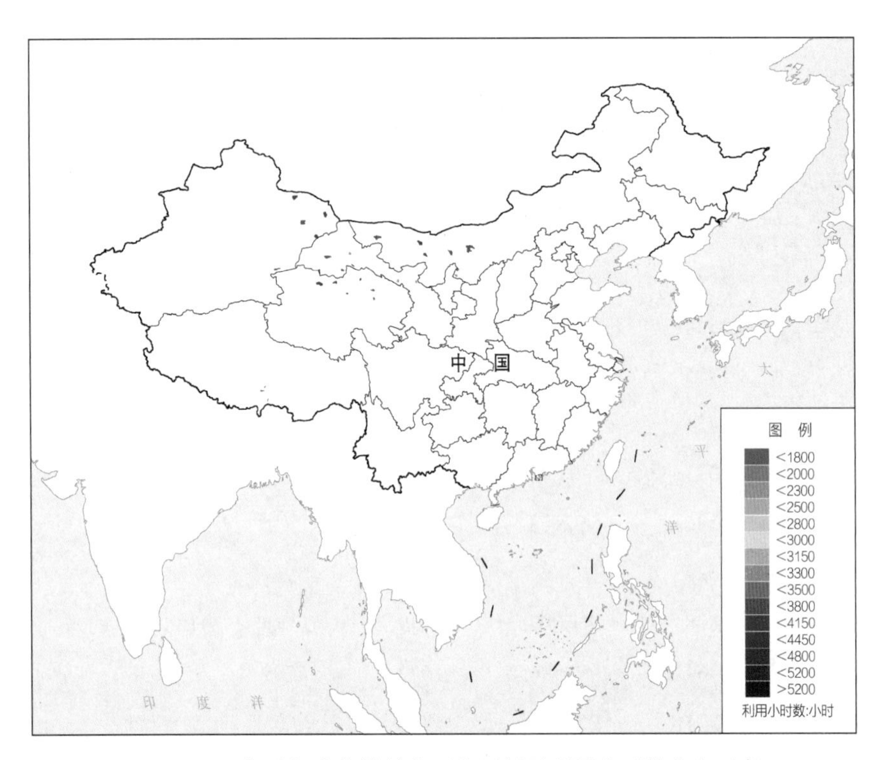

图 3.32 西部北部光热基地化开发区域及利用小时数分布示意

按照 2050 年光热装备的经济性水平测算，综合考虑交通和电网基础设施条件，五省区基地化开发区域光热发电的平均开发成本为 0.43 元/千瓦时。西部北部光热基地化开发区域及开发成本分布如图 3.33 所示，五省区光热资源评估结果见表 3.4。

表 3.4　　五省区光热资源评估结果

序号	省区	法向直接辐射量（千瓦时/平方米）	技术可开发量		基地化开发潜力		基地平均开发成本（元/千瓦时）
			开发规模（万千瓦）	利用小时数（小时）	开发潜力（万千瓦）	利用小时数（小时）	
1	新疆	1364	527685	3522	11000	3994	0.44
2	内蒙古	1760	821550	3786	16000	3918	0.41
3	青海	1702	357960	3668	8000	4214	0.43
4	甘肃	1499	266555	3590	5000	3787	0.46
5	西藏	2005	47395	4990	2000	5822	0.33
总体		1662	2021145	3699	42000	4069	0.43

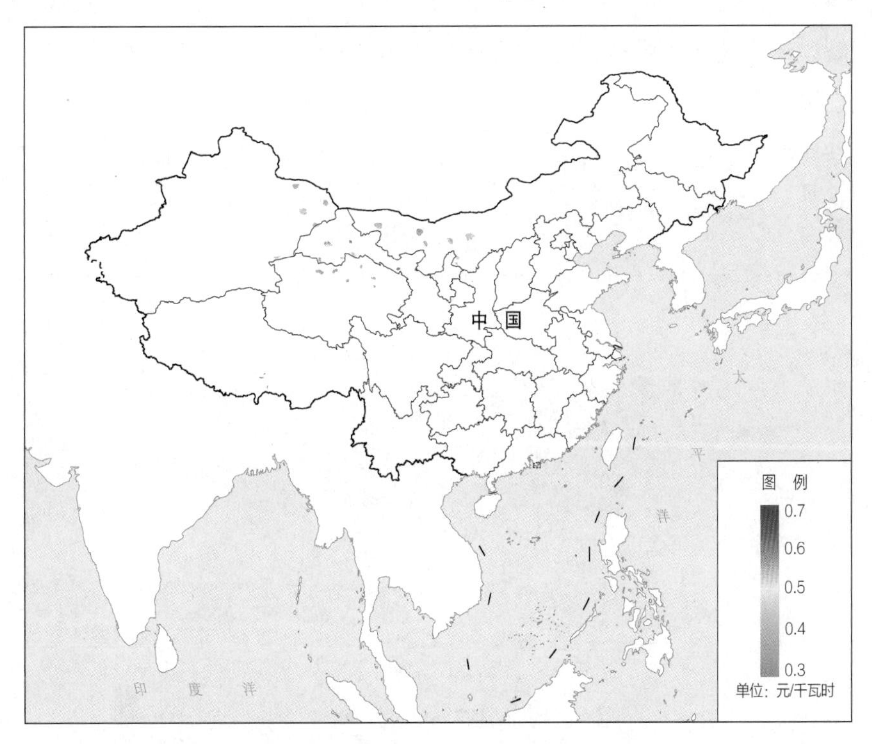

图 3.33 西部北部光热基地化开发区域及开发成本分布示意

3.3 基 地 布 局

开展大型基地布局优化研究，主要包括三个步骤：一是充分考虑已建与规划的大型交流、直流特高压输电工程，结合大电网建设与外送通道资源布局，优先考虑在外送条件良好的区域布局；二是充分考虑已建与规划的火电、水电、抽蓄等调节性资源分布情况，积极发展“火电+”“水电+”和“储能+”等多能互补开发模式；三是结合各省区未来电力需求预测与电力流规划，做好风电、光伏、光热多资源品种开发的空间协调与规模协同。

3.3.1 风电基地

综合考虑基地开发潜力、电力流规划、可调节性电源分布等因素，预计 2030 年西部北部大型风电基地的布局规模约 3 亿千瓦，至 2050 年布局规模可达 15 亿千瓦。2050 年西部北部风电基地优先布局区域及利用小时数分布如图 3.34 所示。与风电基地化开发潜力评估结果相比，优先考虑布局大型风电基地的区域具有更好的资源禀赋、更优的基地化开发条件、更低的开发成本。

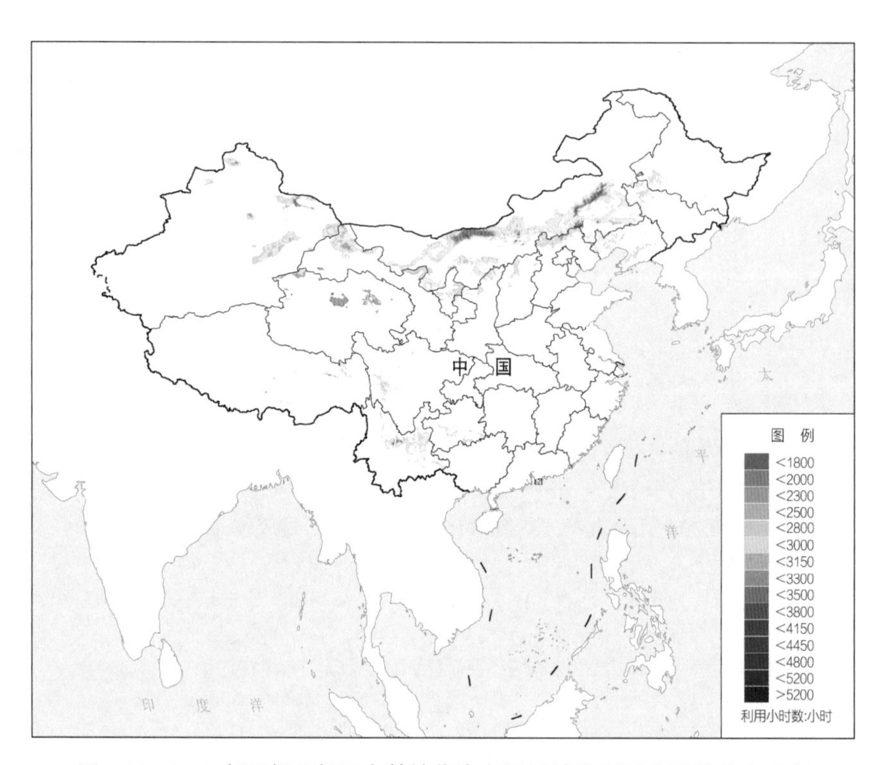

图 3.34　2050 年西部北部风电基地优先布局区域及利用小时数分布示意

1. 2030 年布局

2030 年，西部北部风电基地布局规模可达到 3 亿千瓦，具体可在西北、华北、西南、东北地区分别布局约 1.3 亿、1.3 亿、2400 万、2500 万千瓦风电，总计 20 个风电基地布局区，各区域基地开发规划参数如表 3.5 所示。

对于西北地区，总体布局的 1.3 亿千瓦风电基地主要分布在新疆准东、哈密、若羌，甘肃酒泉以及青海格尔木等地。2030 年西北地区风电基地布局如图 3.35 所示。

对于华北与东北地区，分别布局风电基地 1.3 亿、2500 万千瓦，主要包括内蒙古阿拉善盟、上海庙、乌兰察布、锡林郭勒，河北张北，辽西北，吉林松原，黑龙江大庆等地。2030 年华北与东北地区风电基地布局如图 3.36 所示。

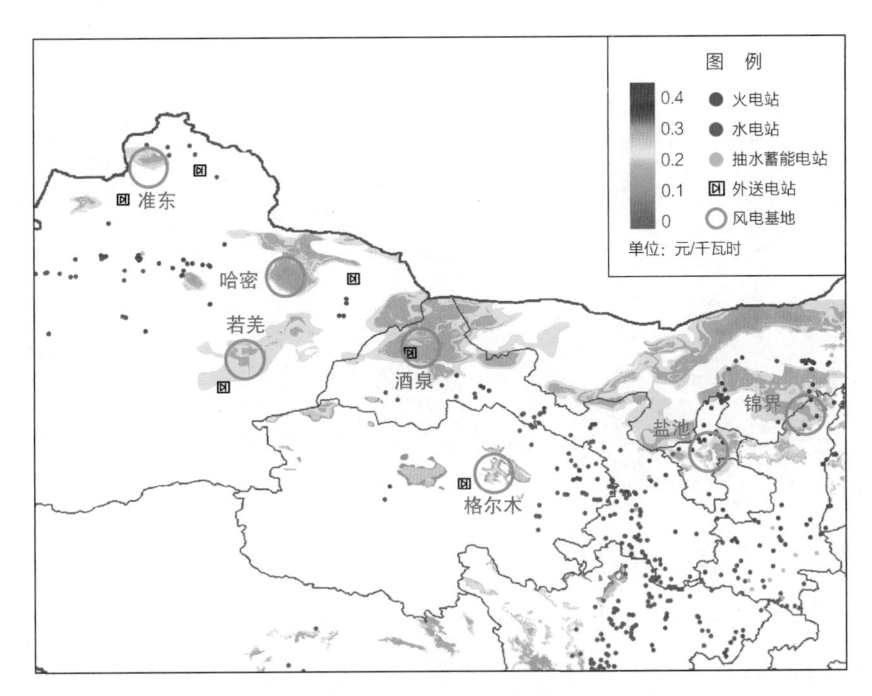

图 3.35 2030 年西北地区风电基地布局示意

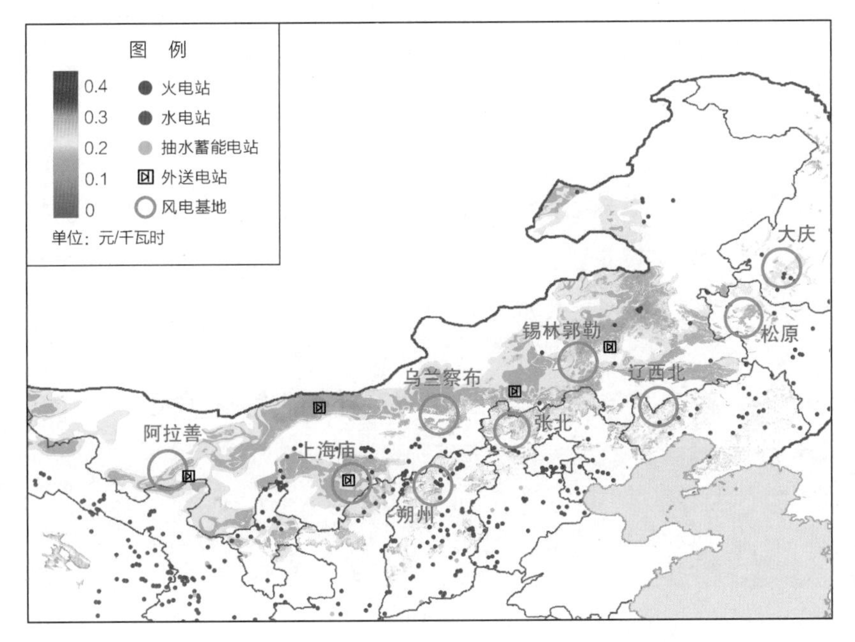

图 3.36 2030 年华北与东北地区风电基地布局示意

对于西南地区，布局的 2400 千瓦风电基地主要集中在西藏拉萨当雄县、云南楚雄、四川金沙江上游、贵州安顺等地。2030 年西南地区风电基地布局如图 3.37 所示。

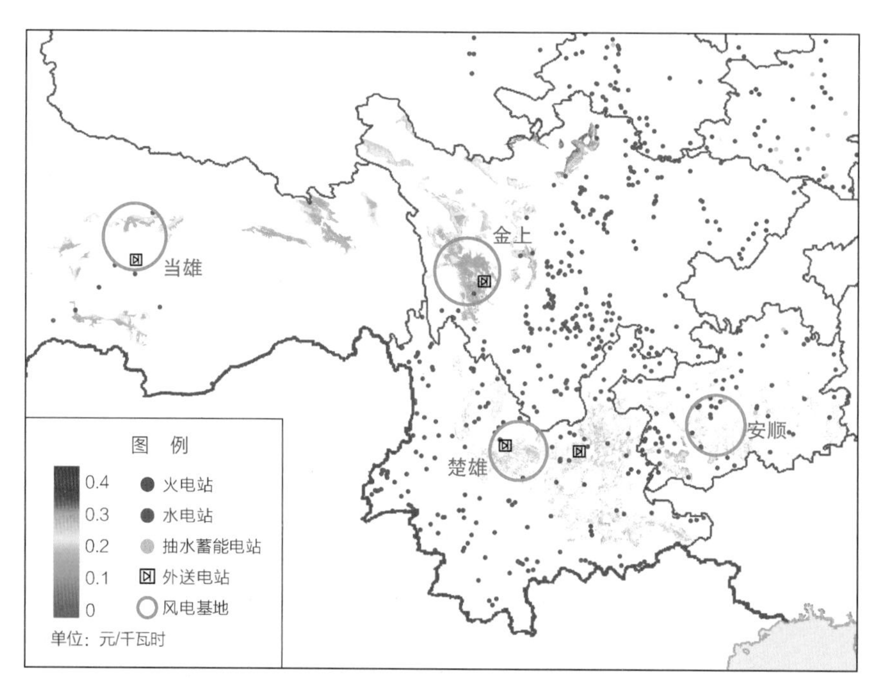

图 3.37　2030 年西南地区风电基地布局示意

2. 2050 年展望

2050 年，西部北部风电基地布局规模超过 15 亿千瓦，具体可在西北、华北、西南、东北地区分别布局 6.8 亿、7.4 亿、7000 万、5000 万千瓦风电，总计 52 个风电基地优先布局区，各区域基地开发规划参数如表 3.5 所示。

表 3.5　　2030 年与 2050 年西部北部风电基地优先布局区

序号	基地名称	所在省区	所在市（州、盟）	占地面积（平方千米）	风速（米/秒）	2030 年装机规模（万千瓦）	2050 年装机规模（万千瓦）	平均利用小时数（小时）	毗邻沙漠、戈壁、荒漠区域
1	准东风电基地	新疆	阿勒泰	9930	6.73	3000	3000	2862	—
2	伊犁风电基地	新疆	塔城	8457	6.44	—	2000	2610	古尔班通古特沙漠

续表

序号	基地名称	所在省区	所在市（州、盟）	占地面积（平方千米）	风速（米/秒）	2030年装机规模（万千瓦）	2050年装机规模（万千瓦）	平均利用小时数（小时）	毗邻沙漠、戈壁、荒漠区域
3	哈密风电基地	新疆	吐鲁番、哈密	6688	7.39	2300	2300	2973	天山北麓戈壁
4	哈密风电基地－2	新疆	吐鲁番、哈密	11632	7.38	—	4000	2966	—
5	哈密风电基地－3	新疆	吐鲁番、哈密	18902	7.35	—	6500	2959	—
6	库尔勒风电基地	新疆	乌鲁木齐、吐鲁番	20685	7.47	—	4000	2859	—
7	若羌风电基地	新疆	巴音郭勒、吐鲁番	1488	6.67	700	700	2892	库姆塔格沙漠
8	若羌风电基地－2	新疆	巴音郭勒	8503	6.65	—	4000	2888	—
9	若羌风电基地－3	新疆	巴音郭勒	13818	6.66	—	6500	2886	—
10	花土沟风电基地	青海	海西	20877	6.38	—	7000	2400	—
11	格尔木风电基地	青海	海西	4956	6.10	1500	1500	2105	柴达木沙漠
12	格尔木风电基地－2	青海	海西	4956	6.12	—	1500	2099	青海海南州戈壁
13	酒泉风电基地	甘肃	酒泉	6821	7.11	3000	3000	2910	—
14	酒泉风电基地－2	甘肃	酒泉	11369	7.06	—	5000	2902	—
15	酒泉风电基地－3	甘肃	酒泉	15916	7.08	—	7000	2895	—
16	金昌风电基地	甘肃	金昌	11064	6.34	—	5000	2681	—
17	盐池风电基地	宁夏	吴忠	5356	6.51	1200	1200	2694	—
18	中卫风电基地	宁夏	吴忠	3571	6.44	—	800	2689	—
19	锦界风电基地	陕西	榆林	3509	6.00	800	800	2476	—
20	锦界风电基地－2	陕西	榆林	10527	6.02	—	2400	2472	—
21	阿拉善风电基地	内蒙古	阿拉善	6944	6.73	3000	3000	2815	腾格里沙漠

续表

序号	基地名称	所在省区	所在市（州、盟）	占地面积（平方千米）	风速（米/秒）	2030年装机规模（万千瓦）	2050年装机规模（万千瓦）	平均利用小时数（小时）	毗邻沙漠、戈壁、荒漠区域
22	阿拉善风电基地-2	内蒙古	阿拉善	16621	6.64	—	7000	2810	巴丹吉林沙漠
23	阿拉善风电基地-3	内蒙古	阿拉善	20807	6.67	—	9000	2802	—
24	巴彦淖尔风电基地	内蒙古	巴彦淖尔、包头	10614	7.44	—	4000	3151	乌兰布和沙漠
25	巴彦淖尔风电基地-2	内蒙古	巴彦淖尔、包头	16155	7.41	—	6000	3144	—
26	上海庙风电基地	内蒙古	鄂尔多斯	6230	6.46	2000	2000	2724	库布齐沙漠
27	上海庙风电基地-2	内蒙古	鄂尔多斯	21806	6.39	—	7000	2721	—
28	乌兰察布风电基地	内蒙古	乌兰察布	11103	6.85	3000	3000	2873	—
29	乌兰察布风电基地-2	内蒙古	乌兰察布	22206	6.78	—	6000	2865	—
30	赤峰风电基地	内蒙古	赤峰	25906	6.77	—	7000	2863	—
31	锡盟风电基地	内蒙古	锡林郭勒	9442	6.72	3000	3000	2809	—
32	锡盟风电基地-2	内蒙古	锡林郭勒	18885	6.63	—	6000	2801	—
33	科尔沁风电基地	内蒙古	通辽	19097	6.61	—	6000	2803	—
34	张北风电基地	河北	张家口	5977	6.42	800	800	2607	—
35	丰宁风电基地	河北	承德	17930	6.34	—	2400	2601	—
36	朔州风电基地	山西	朔州、大同	10332	6.23	800	800	2459	—
37	朔州风电基地-2	山西	朔州	15498	6.01	—	1200	2451	—
38	大庆风电基地	黑龙江	大庆	3307	5.96	800	800	2570	—
39	齐齐哈尔风电基地	黑龙江	齐齐哈尔	4960	5.79	—	1200	2562	—
40	松原风电基地	吉林	白城	3686	6.07	1200	1200	2673	—

续表

序号	基地名称	所在省区	所在市（州、盟）	占地面积（平方千米）	风速（米/秒）	2030年装机规模（万千瓦）	2050年装机规模（万千瓦）	平均利用小时数（小时）	毗邻沙漠、戈壁、荒漠区域
41	白城风电基地	吉林	白城	2458	6.01	—	800	2667	—
42	辽西北风电基地	辽宁	朝阳、阜新	4664	6.10	500	500	2625	—
43	辽西北风电基地-2	辽宁	朝阳、阜新	4820	5.97	—	500	2622	—
44	拉萨当雄风电基地	西藏	拉萨、当雄、那曲	5476	6.61	800	1000	2247	—
45	丁青风电基地	西藏	昌都	10717	6.89	—	1000	2509	—
46	金上风电基地	四川	甘孜	4471	6.83	500	500	2476	—
47	阿坝风电基地	四川	阿坝、甘孜	10193	6.34	—	1000	2192	—
48	小湾与楚雄风电基地	云南	大理、丽江、楚雄	10645	6.66	600	600	2625	—
49	昆明北风电基地	云南	昆明、曲靖	13918	6.82	—	1000	2703	—
50	文山风电基地	云南	文山、红河	12016	6.13	—	900	2371	—
51	安顺风电基地	贵州	安顺、六盘水	10393	5.93	500	500	2257	—
52	黔西南风电基地	贵州	黔西南、黔南	10724	5.82	—	500	2233	—
2030年总体规模				131418	—	30000	—	2729	—
2050年总体规模				567023	—	—	154400	2780	—

对于西北地区，在2030年基地布局的基础上，进一步在新疆伊犁、库尔勒、哈密、若羌等地，青海花土沟、格尔木，甘肃酒泉、金昌，宁夏中卫、盐池，陕西锦界等地开展基地化风电开发，分布如图3.38所示。

对于华北与东北地区，在2030年基地布局的基础上，进一步推进内蒙古阿拉善、巴彦淖尔、乌兰察布、赤峰、科尔沁等地，河北丰宁、张北，山西朔州，辽宁黑山，吉林白城、松原，黑龙江齐齐哈尔、大庆等地的基地化开发，分别实现7.4亿、5000万千瓦风电基地布局，如图3.39所示。

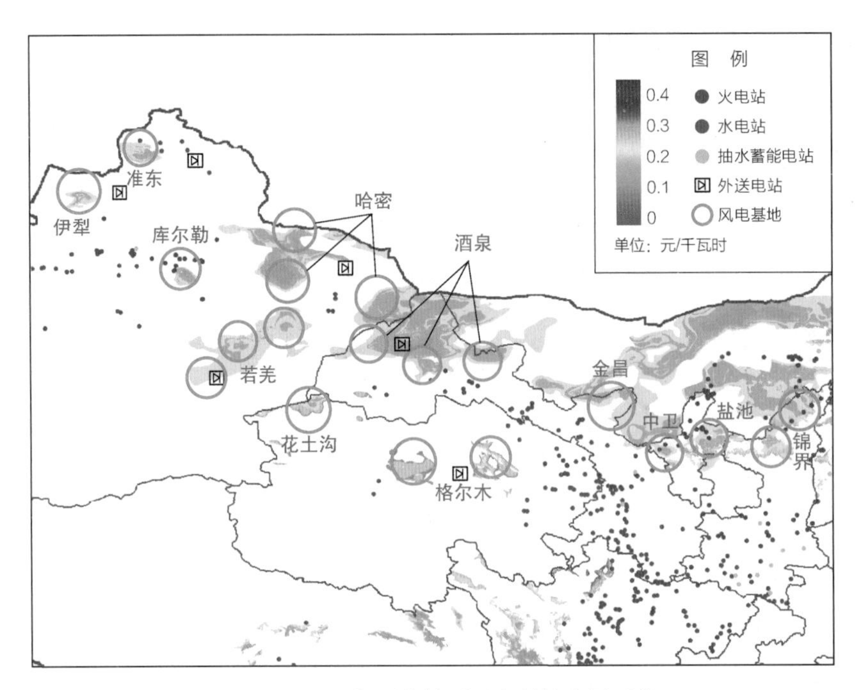

图 3.38　2050 年西北地区风电基地布局示意

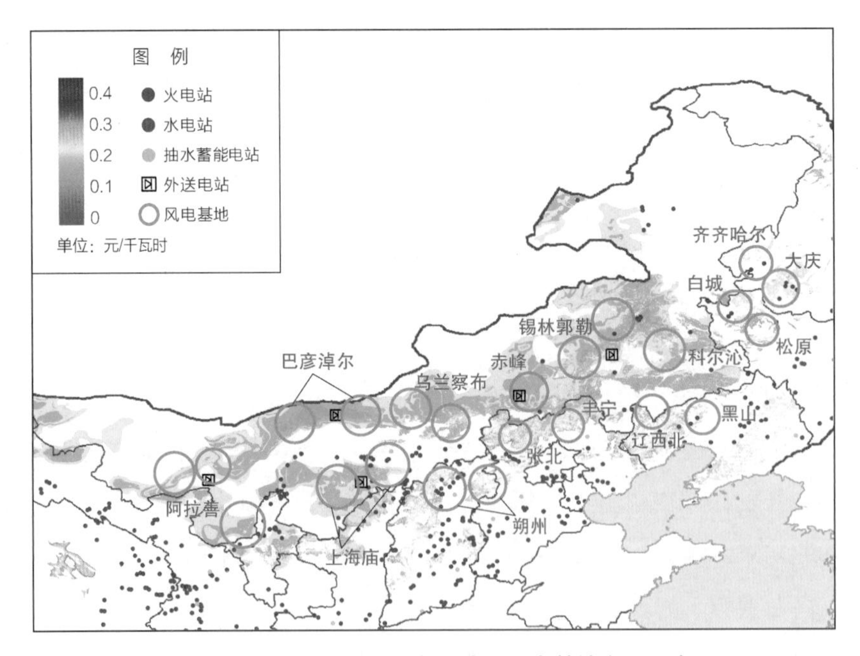

图 3.39　2050 年华北与东北地区风电基地布局示意

对于西南地区，在 2030 年基地布局的基础上，推进西藏昌都丁青、拉萨当雄，四川金上、阿坝，云南小湾、楚雄、昆明北、文山，贵州安顺、黔西南等地的风电基地化开发，分布如图 3.40 所示。

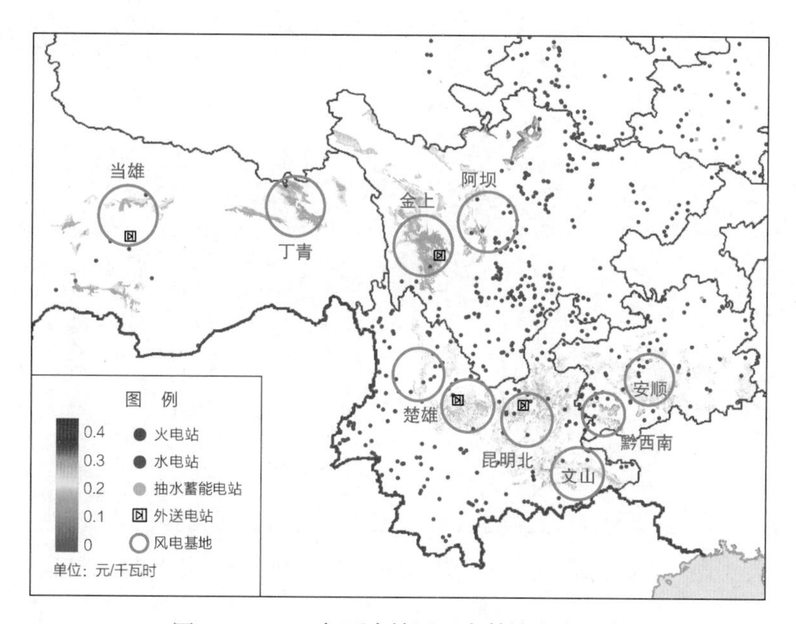

图 3.40 2050 年西南地区风电基地布局示意

3.3.2 光伏基地

预计 2030 年西部北部大型光伏基地的布局规模近 6 亿千瓦，至 2050 年布局规模可达到 28 亿千瓦，优先布局区域及利用小时数分布如图 3.41 所示。

1. 2030 年布局

2030 年，西部北部光伏基地布局规模近 6 亿千瓦，地理上主要集中在青海海西州柴达木盆地、新疆东北部哈密地区、甘肃河西走廊、甘肃河套平原、西藏藏南谷地与三江并流地区等。具体可在西北、华北、西南、东北地区分别布局 3.4 亿、1.8 亿、3600 万、3300 万千瓦风电，总计 20 个光伏基地优先布局区，各区域基地开发规划参数如表 3.6 所示。

对于西北地区，布局的 3.4 亿千瓦大型光伏基地主要分布在新疆准东、哈密，甘肃酒泉与张掖、青海海西州与德令哈等地，如图 3.42 所示。

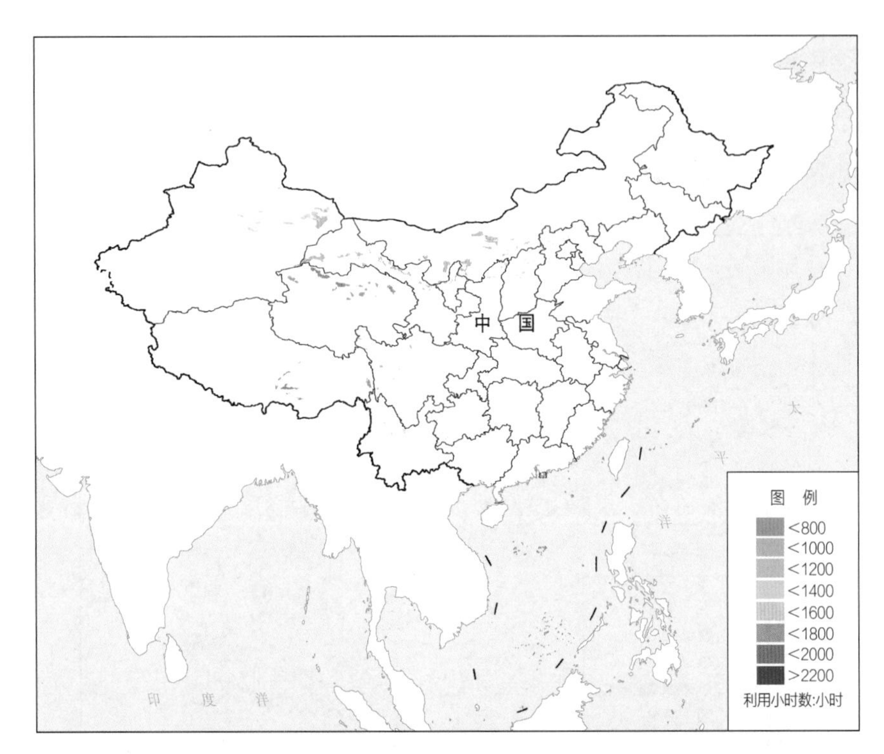

图 3.41　2050 年西部北部光伏基地优先布局区域及利用小时数分布示意

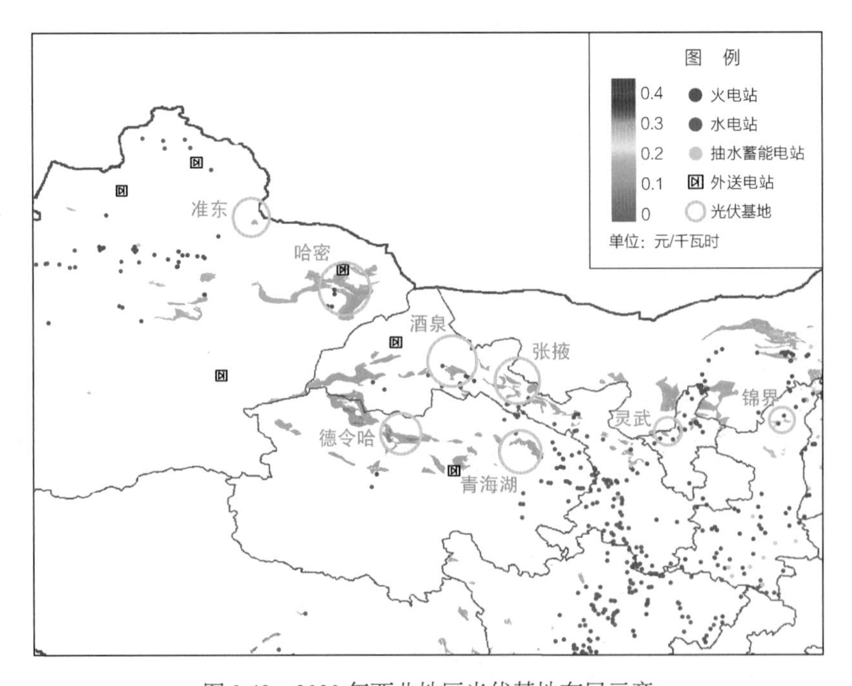

图 3.42　2030 年西北地区光伏基地布局示意

对于华北与东北地区，可分别布局光伏基地 1.8 亿、3300 万千瓦，主要包括内蒙古阿拉善盟、鄂尔多斯、乌兰察布，山西忻州，河北丰宁，辽宁建平，吉林白城，黑龙江肇源等地，地理分布如图 3.43 所示。

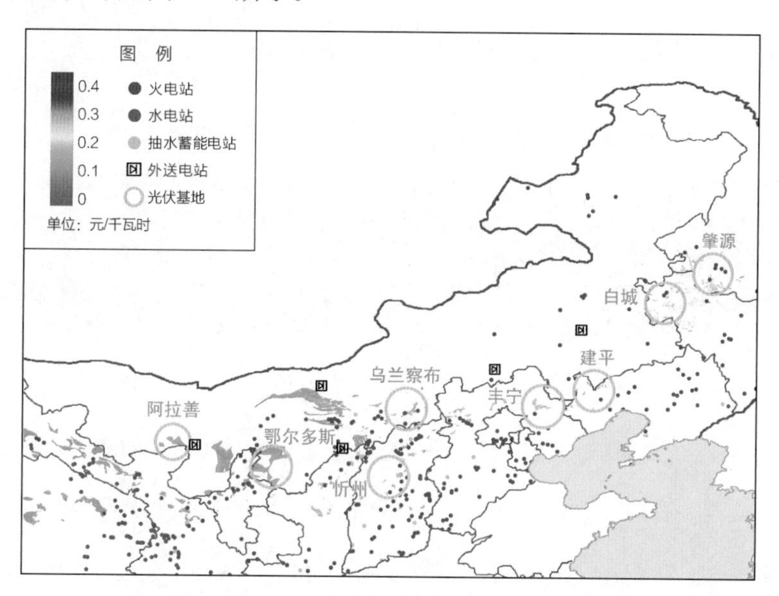

图 3.43　2030 年华北与东北地区光伏基地布局示意

对于西南地区，可布局光伏基地 3600 万千瓦，主要分布在西藏雅鲁藏布江沿岸、云南楚雄、四川甘孜、贵州六盘水等地，地理分布如图 3.44 所示。

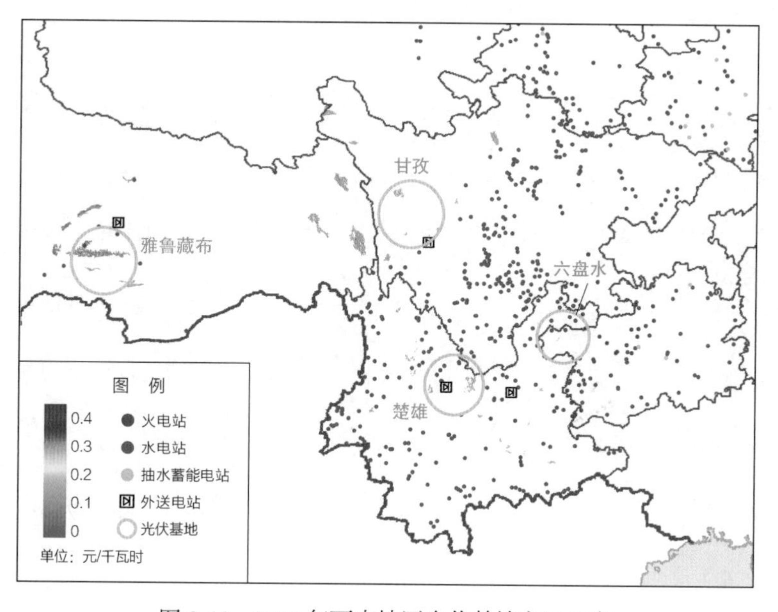

图 3.44　2030 年西南地区光伏基地布局示意

2. 2050 年展望

2050 年，西部北部光伏基地布局规模达到 28 亿千瓦，具体可在西北、华北、西南、东北地区分别布局 18.8 亿、5.6 亿、3 亿、6000 万千瓦光伏发电基地，总计 60 个光伏基地优先布局区，各区域基地开发规划参数如表 3.6 所示。

表 3.6　　2030 年与 2050 年西部北部光伏基地优先布局区

序号	基地名称	所在省区	所在市（州、盟）	占地面积（平方千米）	GHI（千瓦时/平方米）	2030 年装机规模（万千瓦）	2050 年装机规模（万千瓦）	平均利用小时数（小时）	毗邻沙漠、戈壁、荒漠区域
1	伊犁光伏基地	新疆	塔城	1784	1465	—	4000	1515	古尔班通古特沙漠
2	准东光伏基地	新疆	昌吉	1587	1567	5000	5000	1613	—
3	准东光伏基地－2	新疆	昌吉	1006	1558	—	3000	1602	—
4	哈密光伏基地	新疆	哈密	1365	1674	5000	5000	1727	天山北麓戈壁
5	哈密光伏基地－2	新疆	哈密	2184	1668	—	8000	1721	—
6	哈密光伏基地－3	新疆	哈密	1911	1661	—	7000	1720	—
7	库尔勒光伏基地	新疆	巴音郭勒、吐鲁番	2116	1568	—	8000	1625	—
8	库尔勒光伏基地－2	新疆	巴音郭勒、吐鲁番	2228	1569	—	8000	1619	—
9	若羌光伏基地	新疆	巴音郭勒	3047	1716	—	12000	1807	—
10	花土沟光伏基地	青海	海西	2725	1845	—	12000	1915	—
11	花土沟光伏基地－2	青海	海西	1816	1841	—	8000	1909	—
12	格尔木光伏基地	青海	海西	1312	1815	—	7000	1911	—
13	格尔木光伏基地－2	青海	海西	1000	1819	—	5000	1907	—
14	德令哈光伏基地	青海	海西	1090	1826	5000	5000	1913	柴达木沙漠
15	德令哈光伏基地－2	青海	海西	1743	1819	—	8000	1907	柴达木沙漠

续表

序号	基地名称	所在省区	所在市（州、盟）	占地面积（平方千米）	GHI（千瓦时/平方米）	2030年装机规模（万千瓦）	2050年装机规模（万千瓦）	平均利用小时数（小时）	毗邻沙漠、戈壁、荒漠区域
16	德令哈光伏基地－3	青海	海西	1525	1821	—	7000	1903	—
17	青海湖光伏基地	青海	海北	1354	1760	5000	5000	1886	青海海南州戈壁
18	青海湖光伏基地－2	青海	海北	1625	1771	—	6000	1878	—
19	青海湖光伏基地－3	青海	海北	1896	1759	—	7000	1877	青海海南州戈壁
20	酒泉光伏基地	甘肃	酒泉	1286	1695	5000	5000	1725	库姆塔格沙漠
21	酒泉光伏基地－2	甘肃	酒泉	1800	1692	—	7000	1719	—
22	酒泉光伏基地－3	甘肃	酒泉	2057	1689	—	8000	1721	—
23	张掖光伏基地	甘肃	张掖	1390	1663	5000	5000	1737	巴丹吉林沙漠
24	张掖光伏基地－2	甘肃	张掖	2224	1661	—	8000	1729	—
25	张掖光伏基地－3	甘肃	张掖	2502	1652	—	9000	1727	—
26	武威光伏基地	甘肃	武威、白银	2887	1634	—	10000	1704	—
27	灵武光伏基地	宁夏	吴忠	534	1660	2000	2000	1715	腾格里沙漠
28	灵武光伏基地－2	宁夏	吴忠	267	1660	—	1000	1710	—
29	陕北锦界光伏基地	陕西	榆林	861	1578	2000	2000	1635	—
30	陕北锦界光伏基地－2	陕西	榆林	430	1578	—	1000	1629	—
31	阿拉善光伏基地	内蒙古	阿拉善盟	1139	1737	5000	5000	1787	巴丹吉林沙漠
32	阿拉善光伏基地－2	内蒙古	阿拉善盟	1229	1741	—	5000	1778	—
33	阿拉善光伏基地－3	内蒙古	阿拉善盟	1863	1731	—	8000	1769	腾格里沙漠

续表

序号	基地名称	所在省区	所在市（州、盟）	占地面积（平方千米）	GHI（千瓦时/平方米）	2030年装机规模（万千瓦）	2050年装机规模（万千瓦）	平均利用小时数（小时）	毗邻沙漠、戈壁、荒漠区域
34	包头光伏基地	内蒙古	包头、巴彦淖尔	3517	1697	—	9000	1771	—
35	鄂尔多斯光伏基地	内蒙古	鄂尔多斯	1396	1669	5000	5000	1734	乌兰布和沙漠
36	鄂尔多斯光伏基地－2	内蒙古	鄂尔多斯	1676	1661	—	6000	1727	库布齐沙漠
37	鄂尔多斯光伏基地－3	内蒙古	鄂尔多斯	1117	1662	—	4000	1729	乌兰布和沙漠
38	乌兰察布光伏基地	内蒙古	乌兰察布	1975	1627	4000	4000	1727	—
39	和林格尔光伏基地	内蒙古	呼和浩特	1987	1622	—	4000	1721	—
40	丰宁光伏基地	河北	承德	903	1540	2000	2000	1636	—
41	张北光伏基地	河北	张家口	452	1514	—	1000	1621	—
42	忻州光伏基地	山西	运城	810	1569	1500	2000	1648	—
43	忻州光伏基地－2	山西	运城	405	1559	—	1000	1633	—
44	雅鲁藏布光伏基地	西藏	拉萨、山南	276	1981	1000	1000	2020	—
45	雅鲁藏布光伏基地－2	西藏	拉萨、山南	2483	1992	—	9000	2020	—
46	昌都光伏基地	西藏	昌都	2759	1862	—	10000	2003	—
47	肇源光伏基地	黑龙江	大庆	791	1453	1500	1500	1558	—
48	泰来光伏基地	黑龙江	齐齐哈尔	832	1450	—	1500	1553	—
49	白城光伏基地	吉林	白城、松原	538	1487	1000	1000	1592	—
50	白城光伏基地－2	吉林	白城、松原	579	1478	—	1000	1588	—
51	建平光伏基地	辽宁	朝阳	399	1516	800	800	1617	—
52	建平光伏基地－2	辽宁	朝阳	100	1521	—	200	1611	—
53	甘孜北光伏基地	四川	甘孜	489	1607	—	2000	1714	—

续表

序号	基地名称	所在省区	所在市（州、盟）	占地面积（平方千米）	GHI（千瓦时/平方米）	2030年装机规模（万千瓦）	2050年装机规模（万千瓦）	平均利用小时数（小时）	毗邻沙漠、戈壁、荒漠区域
54	甘孜光伏基地	四川	甘孜	265	1701	1000	1000	1786	—
55	阿坝光伏基地	四川	阿坝	515	1629	—	2000	1696	—
56	楚雄光伏基地	云南	楚雄、大理	261	1715	800	800	1683	—
57	楚雄光伏基地-2	云南	楚雄、大理	391	1702	—	1200	1677	—
58	昆明文山光伏基地	云南	玉溪、昆明、文山	282	1604	—	1000	1564	—
59	罗甸光伏基地	贵州	黔西南	385	1312	—	1200	1295	—
60	六盘水光伏基地	贵州	毕节	268	1399	800	800	1404	—
	2030年总体规模			18489	—	58400	—	1737	—
	2050年总体规模			79636	—	—	280000	1775	—

对于西北地区，在2030年基地布局的基础上，进一步在新疆伊犁、库尔勒、哈密、若羌，青海格尔木、青海湖、德令哈，花土沟，甘肃酒泉、张掖、武威，宁夏灵武，陕西锦界等地推进光伏基地化开发，分布如图3.45所示。

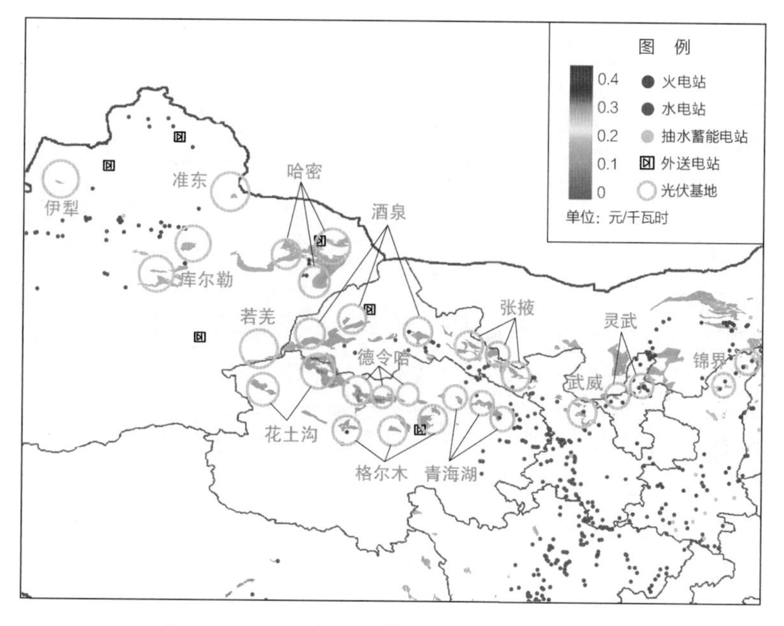

图3.45　2050年西北地区光伏基地布局示意

对于华北与东北地区，在 2030 年基地布局的基础上，进一步在内蒙古包头、阿拉善、鄂尔多斯、和林格尔、乌兰察布，山西忻州，河北张北、丰宁，辽宁建平，黑龙江泰来、肇源等地推进光伏基地化开发，分布如图 3.46 所示。

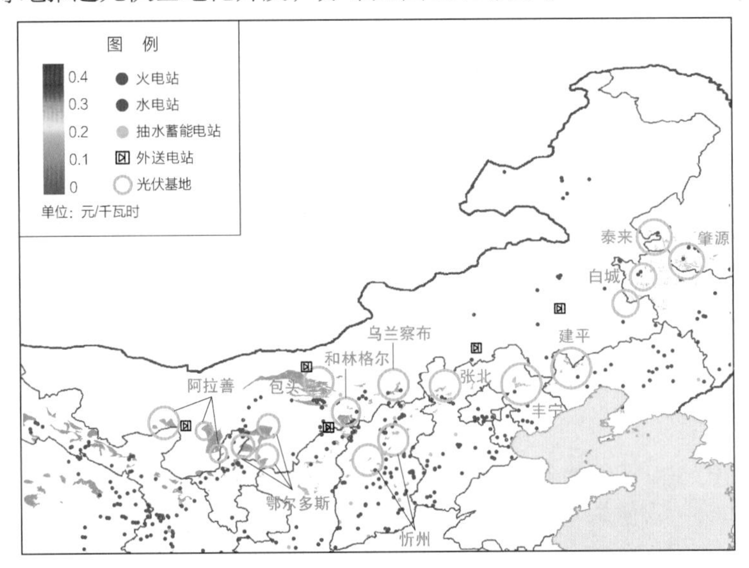

图 3.46 2050 年华北与东北地区光伏基地布局示意

对于西南地区，在 2030 年基地布局的基础上，重点推进西藏雅鲁藏布、昌都，四川甘孜北、甘孜、阿坝，云南楚雄、昆明文山、罗甸，贵州六盘水等地区的基地化开发，分布如图 3.47 所示。

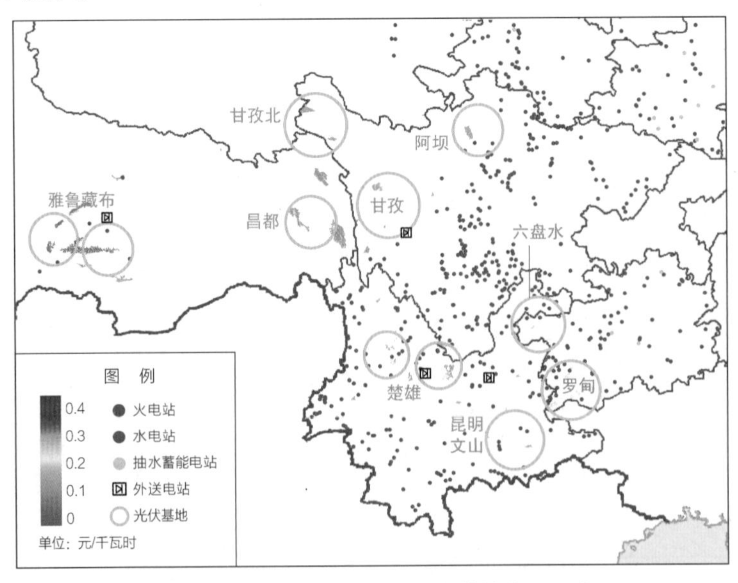

图 3.47 2050 年西南地区光伏基地布局示意

3.3.3 光热基地

预计 2030 年内蒙古、新疆、甘肃、青海、西藏五省区的光热基地布局规模约 5000 万千瓦，至 2050 年布局规模可达到 2 亿千瓦，优先布局区域及利用小时数分布如图 3.48 所示。

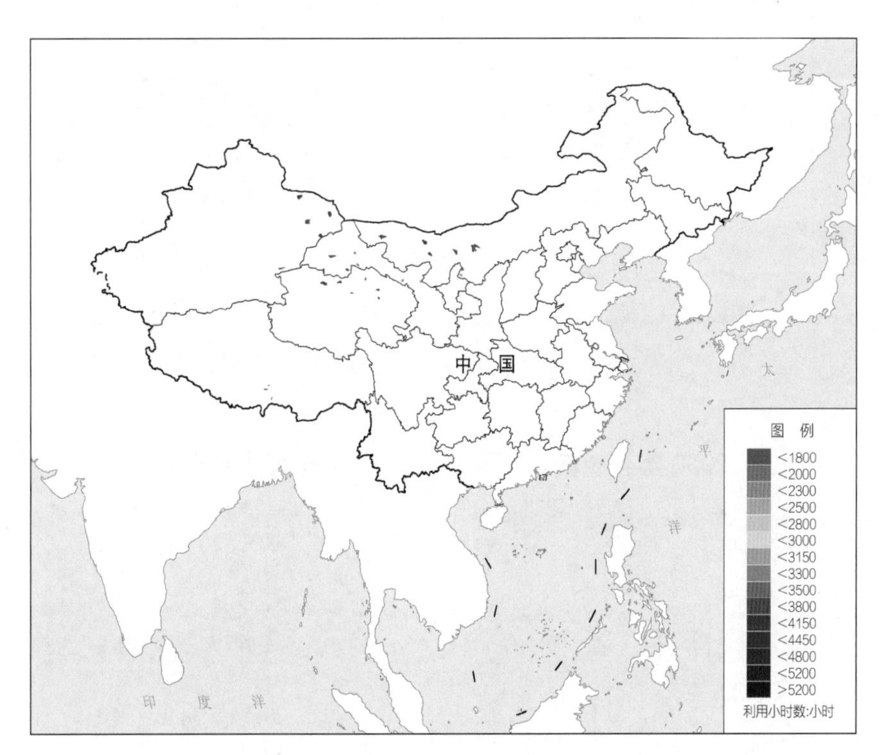

图 3.48 2050 年西部北部光热基地优先布局区域及利用小时数分布示意

1. 2030 年布局

2030 年，五省区光热基地布局规模达到 5000 万千瓦，主要集中在青海省海西、内蒙古阿拉善、新疆哈密地区、河套地区、甘肃河西走廊地区。其中，西北地区布局 3400 万千瓦，包含新疆 800 万千瓦，青海 1600 万千瓦，甘肃 1000 万千瓦；华北地区布局 1600 万千瓦，主要分布在内蒙古。总计 5 个光热基地优先布局区，地理分布如图 3.49 所示，各区域基地开发规划参数如表 3.7 所示。

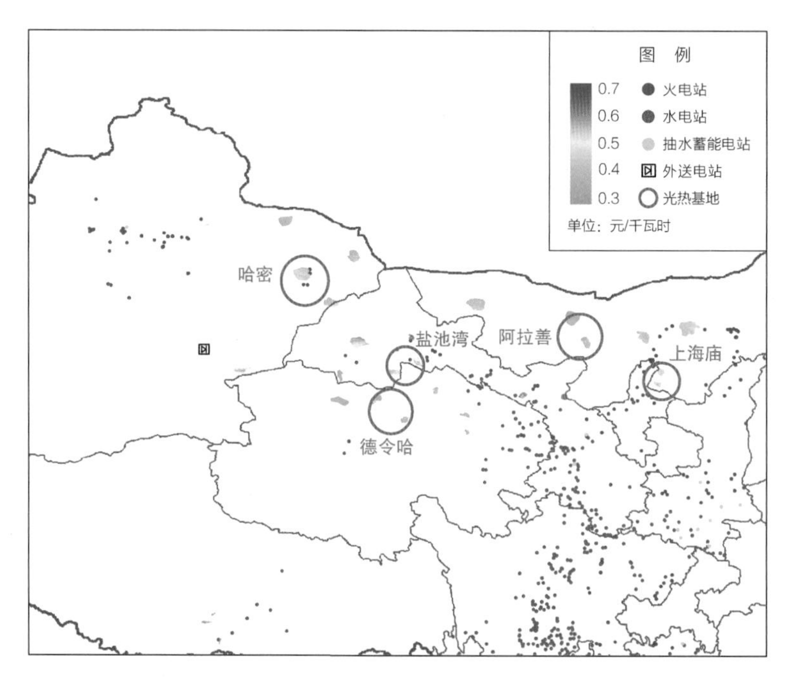

图 3.49　2030 年西部北部光热基地布局示意

表 3.7　　　　2030 年与 2050 年西部北部光热基地优先布局区

序号	基地名称	所在省区	所在市（州、盟）	占地面积（平方千米）	DNI（千瓦时/平方米）	2030 年装机规模（万千瓦）	2050 年装机规模（万千瓦）	平均利用小时数（小时）	毗邻沙漠、戈壁、荒漠区域
1	哈密光热基地	新疆	吐鲁番、哈密	540	1920	800	800	4033	天山北麓隔壁
2	哈密光热基地 -2	新疆	吐鲁番、哈密	810	1920	—	1200	4031	—
3	若羌光热基地	新疆	巴音郭勒	1573	1928	—	2000	3934	—
4	青海湖光热基地	青海	海北、海南	1230	2023	—	1000	4133	青海海南州戈壁
5	海西光热基地	青海	海西	862	2041	—	1400	4194	—
6	德令哈光热基地	青海	德令哈	1221	2146	1600	1600	4285	柴达木沙漠
7	盐池湾光热基地	甘肃	酒泉	732	1883	1000	1000	3987	—

续表

序号	基地名称	所在省区	所在市（州、盟）	占地面积（平方千米）	DNI（千瓦时/平方米）	2030年装机规模（万千瓦）	2050年装机规模（万千瓦）	平均利用小时数（小时）	毗邻沙漠、戈壁、荒漠区域
8	敦煌光热基地	甘肃	酒泉	667	1758	—	1000	3667	库姆塔格沙漠
9	阿拉善光热基地	内蒙古	阿拉善	522	2001	800	800	4196	巴丹吉林沙漠
10	阿拉善光热基地－2	内蒙古	阿拉善	1567	2001	—	2400	4187	—
11	巴彦淖尔光热基地	内蒙古	巴彦淖尔	2076	1785	—	3000	3762	库布齐沙漠
12	上海庙光热基地	内蒙古	鄂尔多斯	689	1653	800	800	3506	乌兰布和沙漠
13	上海庙光热基地－2	内蒙古	鄂尔多斯	1033	1653	—	1200	3501	—
14	日喀则光热基地	西藏	日喀则	861	2711	—	1000	5822	—
15	日喀则光热基地－2	西藏	日喀则	929	2711	—	1000	5814	—
2030年总体规模				3703	—	5000	—	4046	—
2050年总体规模				15311	—	—	20200	4148	—

2. 2050年展望

2050年，五省区光热基地的布局规模达到2亿千瓦，其中西北地区布局1亿千瓦，包含新疆4000万千瓦，青海4000万千瓦，甘肃2000万千瓦；华北地区布局8000万千瓦，主要分布在内蒙古；西南地区布局2000万千瓦，主要分布在西藏。总计15个光热基地优先布局区，地理分布如图3.50所示，各区域基地开发规划参数如表3.7所示。

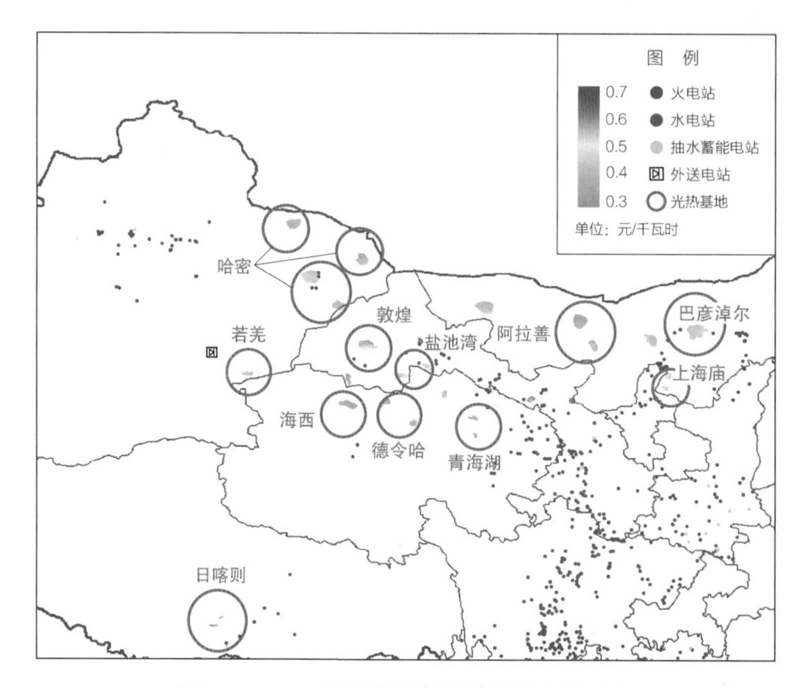

图 3.50 2050 年西部北部光热基地布局示意

3.3.4 总体布局

预计到 2030 年，西部北部地区可布局大型风电、光伏、光热基地分别约 3 亿、6 亿、5000 万千瓦，总规模近 10 亿千瓦，包含 20 个风电、20 个光伏、5 个光热大型基地开发布局区；2050 年，风电、光伏、光热基地的总体布局规模可提升至 15 亿、28 亿、2 亿千瓦，总规模 45 亿千瓦，包含 52 个风电、60 个光伏、15 个光热大型基地开发的优先布局区，基地布局如图 3.51 所示。

分区来看，西北地区预计 2030 年布局风电、光伏、光热分别约 1.3 亿、3.4 亿、3400 万千瓦，2050 年提升至 6.8 亿、18.8 亿、1 亿千瓦；东北地区预计 2030 年布局风电、光伏分别约 2500 万、3300 万千瓦，2050 年提升至 5000 万、6000 万千瓦；西南地区预计 2030 年布局风电、光伏分别约 2400 万、3600 万千瓦，2050 年提升至 7000 万、3 亿千瓦，并开发 2000 万千瓦光热；华北地区预计 2030 年布局风电、光伏、光热分别约 1.3 亿、1.8 亿、1600 万千瓦，2050 年提升至 7.4 亿、5.6 亿、8200 万千瓦。西部北部 15 省区大型新能源基地布局如表 3.8 所示。

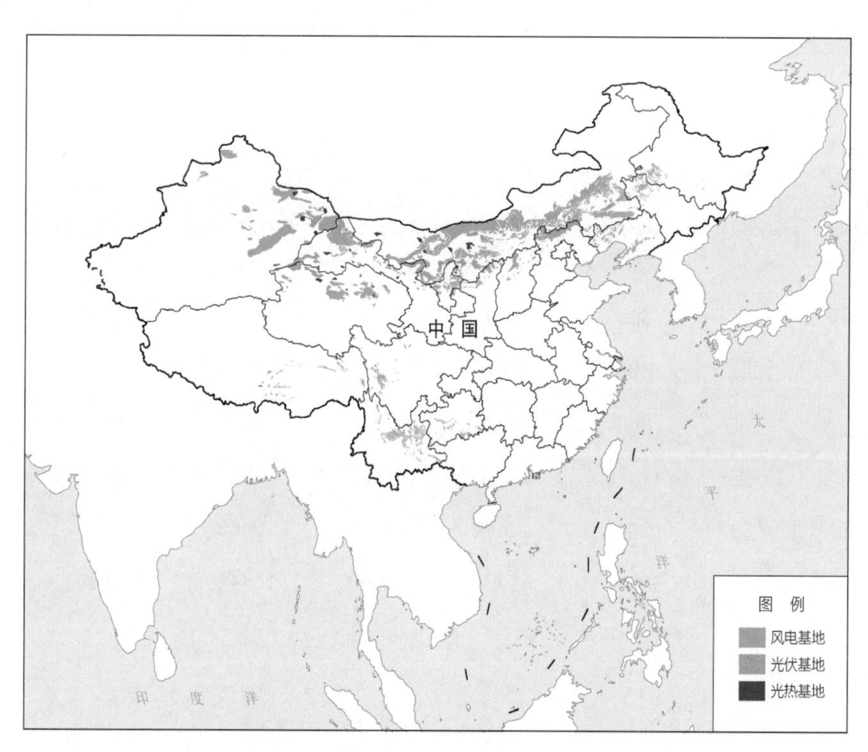

图 3.51 2050 年西部北部风电、光伏、光热基地总体布局示意

表 3.8 西部北部 15 省区大型新能源基地布局 单位：万千瓦

序号	区域	省区	2030 年			2050 年		
			风电基地规模	光伏基地规模	光热基地规模	风电基地规模	光伏基地规模	光热基地规模
1	西北	陕西	800	2000	—	3200	3000	—
2		甘肃	3000	10000	1000	20000	52000	2000
3		青海	1500	10000	1600	10000	70000	4000
4		宁夏	1200	2000	—	2000	3000	—
5		新疆	6000	10000	800	33000	60000	4000
6	东北	黑龙江	800	1500	—	2000	3000	—
7		吉林	1200	1000	—	2000	2000	—
8		辽宁	500	800	—	1000	1000	—
9	西南	四川	500	1000	—	1500	5000	—

续表

序号	区域	省区	2030 年			2050 年		
			风电基地规模	光伏基地规模	光热基地规模	风电基地规模	光伏基地规模	光热基地规模
10	西南	贵州	600	800	—	1000	2000	—
11		云南	500	800	—	2500	3000	—
12		西藏	800	1000	—	2000	20000	2000
13	华北	河北	800	2000	—	3200	3000	—
14		内蒙古	11000	14000	1600	69000	50000	8200
15		山西	800	1500	—	2000	3000	—
总体			30000	58400	5000	154400	280000	20200

3.4 小结

我国西部北部新能源基地化开发潜力大、成本低，风电、光伏、光热基地化开发潜力分别为 29 亿、50 亿、4.2 亿千瓦，平均开发成本分别为 0.13、0.11、0.43 元/千瓦时。按照“集约化规模化、经济优先、多能互补、风光协同、就近消纳”原则，以沙漠、戈壁、荒漠地区为开发重点，2030 年规划建设大型风光基地总规模约 10 亿千瓦，优先布局 20 个风电、20 个光伏、5 个光热大型基地；2050 年大型风光基地规模提升至 45 亿千瓦，优先布局 52 个风电、60 个光伏、15 个光热大型基地。

（1）西北地区主要开发新疆准东、哈密、若羌、甘肃酒泉以及青海格尔木等地区风电，新疆准东、哈密，甘肃酒泉与张掖、青海海西州与德令哈等地区太阳能发电，2030 年规划建设大型风电、光伏、光热基地规模分别约 1.3 亿、3.4 亿、3400 万千瓦，2050 年提升至 6.8 亿、18.8 亿、1 亿千瓦。

（2）东北地区主要开发辽西北、吉林松原、黑龙江大庆等地区风电，辽宁建平、吉林白城、黑龙江肇源等地区太阳能发电，2030 年规划建设大型风电、光伏基地规模分别约 2500 万、3300 万千瓦，2050 年提升至 5000 万、6000 万千瓦。

（3）西南地区主要开发西藏拉萨当雄县、云南楚雄、四川金沙江上游、贵州安顺等地区风电，西藏雅鲁藏布江沿岸、云南楚雄、四川甘孜、贵州六盘水等地区太阳能发电，2030 年规划建设大型风电、光伏基地规模分别约 2400 万、3600 万千瓦，2050 年提升至 7000 万、3 亿千瓦，并开发 2000 万千瓦光热。

（4）华北地区主要开发内蒙古阿拉善盟、上海庙、乌兰察布、锡林郭勒，河北张北等地区风电，内蒙古阿拉善盟、鄂尔多斯、乌兰察布，山西忻州，河北丰宁等地区太阳能发电，2030 年规划建设大型风电、光伏、光热基地分别约 1.3 亿、1.8 亿、1600 万千瓦，2050 年提升至 7.4 亿、5.6 亿、8200 万千瓦。

4 西南水风光协同开发

西南地区横跨中国地理三大台阶，山川纵横、河流密布且径流充沛，是我国水能资源最富集的地区，已建和待建水电总体具有较好的调节性能。其中，金沙江、雅砻江、大渡河、乌江、怒江、澜沧江、南盘江/红水河和雅鲁藏布江等八大流域水能资源最为富集，区域内太阳能资源丰富，部分地区风能资源较好，水风光出力互补性较强，具备统筹规划、协同开发、综合利用的良好条件，是我国实施可再生能源多能互补协同开发的主战场之一。

4.1 开 发 定 位

4.1.1 水电资源优势

西南地区水能资源丰富，集中分布在八大流域干流。《中华人民共和国水力资源复查成果》[1]显示，西南地区 10 兆瓦及以上水电技术可开发量达 4.1 亿千瓦，占全国技术可开发量的 76%；水能资源理论蕴藏年发电量约 2 万亿千瓦时，占全国水电的 75%。从空间分布看，西南水能资源集中分布在金沙江、雅砻江、大渡河、乌江、怒江、澜沧江、南盘江/红水河和雅鲁藏布江等八大流域干流。金沙江、雅鲁藏布江干流水能资源蕴藏量均超过 1 亿千瓦，雅砻江、大渡河、澜沧江、怒江水能资源规模均超过 3000 万千瓦，乌江、南盘江/红水河水能资源规模均超过 1000 万千瓦。西南八大流域干流分布如图 4.1 所示。

丰富的水能资源为西南地区大力发展水电提供了必要的物质基础。进入 21 世纪以来，随着国家西部大开发战略和“西电东送”战略的实施，西南地区充分发挥水能优势，相继建设投产了一大批水电站。截至 2021 年年底，八大流域干流已投产水电装机容量约 1.3 亿千瓦，占全国水电装机总规模的 35%。其中，金沙江干流装机规模近 5000 万千瓦，澜沧江干流装机规模超过 2000 万千瓦，雅砻江、大渡河、南盘江/红水河干流装机规模均超过 1000 万千瓦。2030 年前，八大流域干流预计新增装机容量 6717 万千瓦，“十四五”“十五五”期间重点开发河段主要有金沙江上游、雅砻江中游、大渡河上游、怒江中游。到 2030 年，南盘江/红水河开发完毕，雅砻江、大渡河基本开发完毕，西藏水电大开发拉开序幕，西南八大流域干流水电装机规模达到 1.9 亿千瓦。2030—2040 年，八大流域干流预计新增装机容量 3835 万千瓦，重点开发河段主要为金沙江中游、怒江上游、澜沧江上游西藏段。到 2040 年，除雅鲁藏布江外的七大流域干流水电基本开

[1] 全国水力资源复查工作领导小组. 中华人民共和国水力资源复查成果. 北京：中国电力出版社，2004。

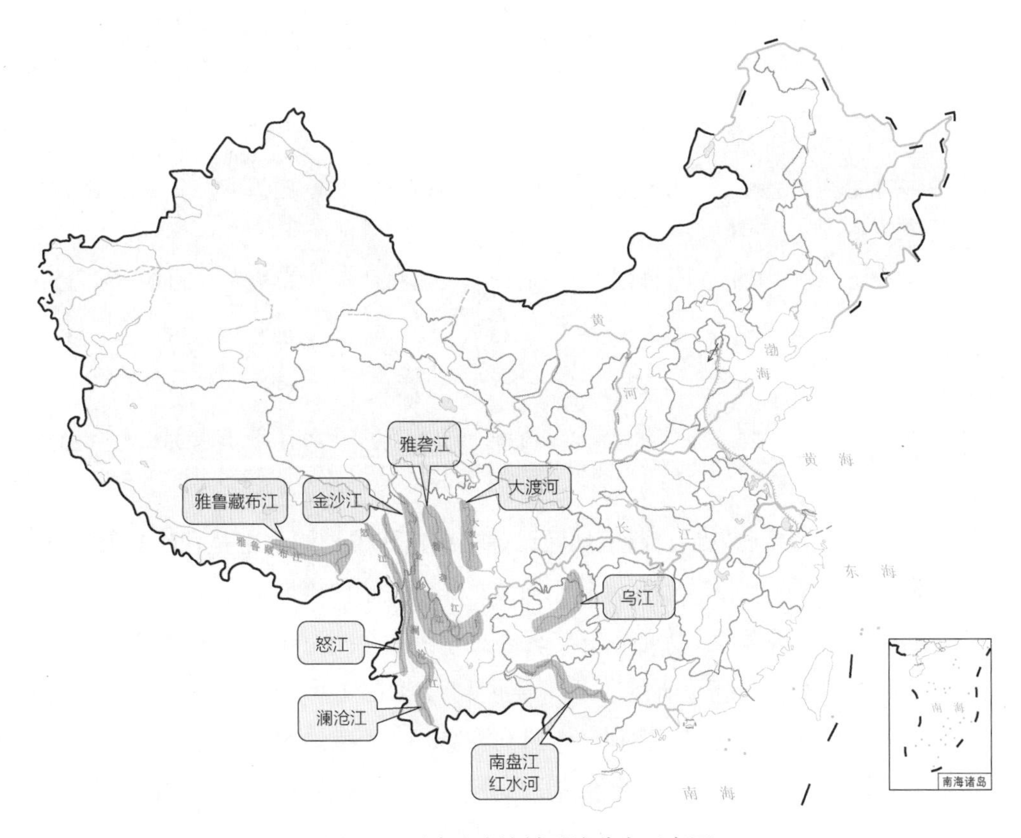

图 4.1 西南八大流域干流分布示意图

发完毕，雅鲁藏布江水电开发启动，西南八大流域干流水电装机规模达到 2.3 亿千瓦。2040—2050 年，预计新增装机容量 7469 万千瓦，全部为雅鲁藏布江下游水电。到 2050 年，西南八大流域干流水电基本开发完毕，装机规模达到约 3.1 亿千瓦，占全国常规水电装机总量的一半以上。西南八大流域干流水电总体开发规划如表 4.1 所示。

表 4.1　　西南八大流域干流水电总体开发规划　　单位：万千瓦

流域	年份						
	2021	2025	2030	2035	2040	2045	2050
金沙江	4896	6448	7446	8280	8280	8280	8280
雅砻江	1721	1948	2669	2669	2898	2898	2898
澜沧江	2135	2295	2601	3183	3183	3183	3183
大渡河	1719	2239	2579	2639	2677	2677	2677

续表

流域	年份						
	2021	2025	2030	2035	2040	2045	2050
乌江	876	876	876	876	876	876	876
南盘江/红水河	1285	1365	1365	1365	1365	1365	1365
怒江	0	0	1813	3570	3697	3697	3697
雅鲁藏布江	0	0	0	0	192	6937	7661
合计	12632	15171	19349	22582	23168	29913	30637

经过近几十年的高速发展，西南地区已建、在建和规划的水电呈现出独有的优势。

（1）集中程度高、装机规模大。截至 2021 年年底，西南地区已经建成了金沙江中下游、澜沧江下游、雅砻江、大渡河、乌江、红水河六个千万千瓦级流域水电基地，累计投产装机容量约 1.3 亿千瓦，形成了四川电网和云南电网两个水电装机容量超 7000 万千瓦、水电占比超 80%的省级电网。“十四五”期间，西南地区规划建设金沙江上、下游清洁能源基地和雅砻江流域清洁能源基地，预计投产水电装机容量超 2000 万千瓦。高度集中且规模庞大的西南水电有利于发挥水力资源的规模化效益，提供电网级别的调节能力，为新型电力系统建设提供灵活性支撑。

（2）巨型水电站多。巨型水电站指具有装机容量大、单机容量高、发电水头高等特征的水电站。自 2003 年三峡水电站投产运行以来，我国巨型水电站得到快速发展，西南地区集中了我国大部分已建和在建巨型水电站，已建成的巨型水电站包括乌东德、白鹤滩、溪洛渡、向家坝、糯扎渡、锦屏二级等，在建巨型水电站有两河口、双江口等。巨型水电站可以充分发挥惯量支撑、调频调压等作用，应对新能源并网引起的低转动惯量、弱无功支撑等挑战。巨型水电站的运行区间宽、功率调节快，能很好地适配新能源出力波动，有力支撑新能源大规模并网。

（3）总体调节性能好。西南水电半数具有季及以上调节能力，总体调节能力较好，如表 4.2 所示，可有效发挥对径流的调蓄和储能作用。从中长期调节看，水电利用库容调节径流，实现水量、电量的丰枯转移，弥补新能源出力与负荷需求错配带来的季节性电量缺口。从日内调节看，新能源大规模并网后，系统净负荷特性变化显著，呈现典型“鸭形”曲线，水电可利用其日调节灵活性，在新能源大发时刻让出发电容量，在新能源低出力时段顶峰运行，提高系统充裕性水平。

表 4.2 西南各流域水电调节能力（截至 2021 年年底）

流域	多年调节电站		年调节电站		季调节电站		年调节及以上电站装机占比（%）	季调节及以上电站装机占比（%）
	个数	容量（万千瓦）	个数	容量（万千瓦）	个数	容量（万千瓦）		
金沙江	0	0	0	0	3	2880	0	59
雅砻江	1	100	1	360	1	330	27	46
澜沧江	2	1005	0	0	4	591	47	75
大渡河	0	0	0	0	3	790	0	46
乌江	1	60	1	300	2	195	43	67
南盘江/红水河	0	0	2	610	0	0	47	47
合计	4	1165	4	1270	13	4786	19	57

（4）水电配套外送输电网络完善。随着“西电东送”战略的实施，西南地区中通道、南通道实现了西南、华中、华东、南方跨省跨区域联网，已建成直流输电通道超 10 回、送电容量超 1 亿千瓦，其中以水电输送为主要目的通道规模达到 6580 万千瓦。“十四五”期间，西南地区预计建成投运雅中—江西、白鹤滩—江苏、白鹤滩—浙江、乌东德—广东广西共 4 回 ±800 千伏特高压直流工程，水电外送规模将进一步扩大，清洁能源资源大范围优化配置能力进一步增强。

4.1.2 风光资源概况

利用全球能源互联网发展合作组织的全球清洁能源资源评估平台（GREAN）开展西南八大流域近区新能源资源评估，研究范围为距离八大流域干流 200 千米范围内，且位于中国境内的区域。区域总面积约 160 万平方千米，最高海拔 7210 米，最大地形坡度 81 度。对于“三江并流”[1]等流域近区重合地区，以分水岭为边界进行新能源资源划分。

八大流域近区风能资源较丰富，主要集中在高海拔地区，开发难度相对较大。距地面 100 米高度全年风速范围 1.6～9.2 米/秒，平均风速为 5 米/秒，主导风向为西南风。风速较大的地区主要集中在乌江、怒江上游、雅砻江中上游、南盘江和金沙江中上游，年平均风速可达到 5.5 米/秒以上。怒江中下游、大渡河中下游、雅鲁藏布江下游平均风

[1] “三江并流”指金沙江、澜沧江、怒江在云南省境内自北向南并行奔流的区域。

速较低。受低风速、保护区、森林与耕地等不宜开发地面覆盖物的限制，区内适合规模化开发风电的土地面积较小，且受海拔限制影响大，海拔 4000 米及以下地区适合规模化开发的土地面积仅 4.7 万平方千米，约占总面积的 3%；若将海拔上限提高至 4500、5000 米，适合规模化开发的土地面积将分别增加至 8.4 万、13.8 万平方千米。

海拔 4500 米以下，八大流域近区风电技术可开发量约 1.4 亿千瓦，主要分布在南盘江/红水河、大渡河上游、雅砻江中上游和金沙江下游，如表 4.3 所示。风电平均利用小时数为 2250 小时，其中金沙江中下游、雅砻江中游、怒江上游风电年发电利用小时数可达 2400 小时以上。风电平均度电成本约 0.34 元/千瓦时，其中金沙江中下游、澜沧江下游、乌江、南盘江等海拔较低、电网接入条件较好的地区风电开发成本相对较低。

表 4.3　　八大流域近区海拔 4500 米以下风电资源评估

流域名称		可开发面积（平方千米）	技术可开发量（万千瓦）	平均利用小时数（小时）	平均度电成本（元/千瓦时）
金沙江	上游	4510	655	2142	0.39
	中游	4415	658	2482	0.27
	下游	9052	1406	2475	0.27
雅砻江	上游	10534	2044	2089	0.44
	中游	6077	944	2428	0.33
	下游	643	90	2058	0.33
大渡河	上游	18264	2633	2086	0.41
	中游	382	49	2251	0.35
	下游	0	0	—	—
澜沧江	上游	475	55	2203	0.34
	中下游	1361	202	2323	0.28
怒江	上游	3750	552	2459	0.34
	中游	0	0	—	—
	下游	0	0	—	—
乌江	干支流	4117	694	2244	0.30
南盘江/红水河	南盘江	14966	2779	2340	0.28
	红水河	5435	894	2171	0.31
雅鲁藏布江	干支流	364	55	2180	0.38

若将海拔上限提高至5000米，八大流域近区风电技术可开发量将达到2.2亿千瓦，新增风电资源主要集中在金沙江、雅砻江和怒江上游，平均度电成本将上涨至0.38元/千瓦时。若将海拔上限进一步提高至5500米，八大流域近区风电技术可开发量将达到2.5亿千瓦，新增风电资源主要分布在雅鲁藏布江和怒江上游，平均度电成本进一步上涨至0.39元/千瓦时。若将海拔上限下降至4000米，八大流域近区风电技术可开发量为7860万千瓦，但平均度电成本将下降至0.29元/千瓦时。

八大流域近区不同海拔风电技术可开发规模如表4.4所示。

表4.4 八大流域近区不同海拔风电技术可开发规模 单位：万千瓦

流域	海拔（米）			
	4000	4500	5000	5500
金沙江	2116	2719	4284	4385
雅砻江	296	3078	6182	6215
澜沧江	223	257	335	384
大渡河	803	2682	3070	3072
乌江	694	694	694	694
南盘江/红水河	3673	3673	3673	3673
怒江	56	552	3098	4478
雅鲁藏布江	0	7	37	85
合计	7861	13662	21373	22986

八大流域近区太阳能资源丰富，光伏开发条件较好。全年太阳能水平面总辐射量（GHI）范围在760～2140千瓦时/平方米，平均GHI约为1400千瓦时/平方米。GHI较高的地区主要集中金沙江中上游、雅砻江中上游、怒江上游、澜沧江中下游和雅鲁藏布江中游，平均GHI可达到1600千瓦时/平方米以上。大渡河中下游、乌江、红水河光照强度相对较低。考虑区域内存在36个自然保护区，总面积超过5.3万平方千米；森林、耕地、冰雪覆盖面积分别达到67万、30万、4.2万平方千米，海拔4500米及以下地区适合规模化开发的土地面积约23万平方千米，约占总面积的14%，规模化开

发条件较好。

海拔 4500 米以下，八大流域近区光伏技术可开发量约 100 亿千瓦，主要集中在雅砻江、大渡河、金沙江、怒江上游以及南盘江，如表 4.5 所示。光伏平均利用小时数为 1600 小时，其中雅鲁藏布江中游、雅砻江中上游、怒江上游、澜沧江上游光伏年发电利用小时数可达 1700 小时以上，这些区域的光伏开发成本也相对较低。

表 4.5 八大流域近区海拔 4500 米以下光伏资源评估

流域名称		可开发面积（平方千米）	技术可开发量（万千瓦）	平均利用小时数（小时）	平均度电成本（元/千瓦时）
金沙江	上游	31778	128800	1715	0.20
	中游	8446	42877	1656	0.19
	下游	14782	75584	1491	0.21
雅砻江	上游	35505	154188	1697	0.22
	中游	9351	39759	1775	0.19
	下游	1701	7744	1592	0.20
大渡河	上游	38174	151685	1652	0.22
	中游	1041	3425	1533	0.21
	下游	719	2487	1301	0.24
澜沧江	上游	2843	10048	1707	0.19
	中下游	6719	34312	1598	0.20
怒江	上游	19012	73234	1734	0.20
	中游	77	188	1313	0.25
	下游	3032	15992	1608	0.20
乌江	干支流	2692	16945	1150	0.27
南盘江/红水河	南盘江	21586	136795	1361	0.23
	红水河	7968	47430	1242	0.25
雅鲁藏布江	干支流	18513	69776	1600	0.22

4.1.3 水风光互补特性

西南水电年内出力“丰大枯小”特性明显。水电站年内出力特性与径流量高度正相关。西南水电丰水期为5—10月，枯水期为11月—次年4月。八大流域干流水电枯水期平均出力为装机容量的30%~50%，丰水期平均出力为55%~90%，丰枯期电量之比超过1.5。枯水期发电能力严重不足，难以匹配负荷需求，丰水期水电大发，占用系统调峰资源。上游河段丰枯期电量差异往往更为明显，如怒江上游枯水期平均出力约22%，丰水期平均出力约81%，7—9月平均出力在95%以上，丰枯期电量比为3.7，丰枯期供电能力差异显著。西南典型河流年内出力特性如图4.2所示。

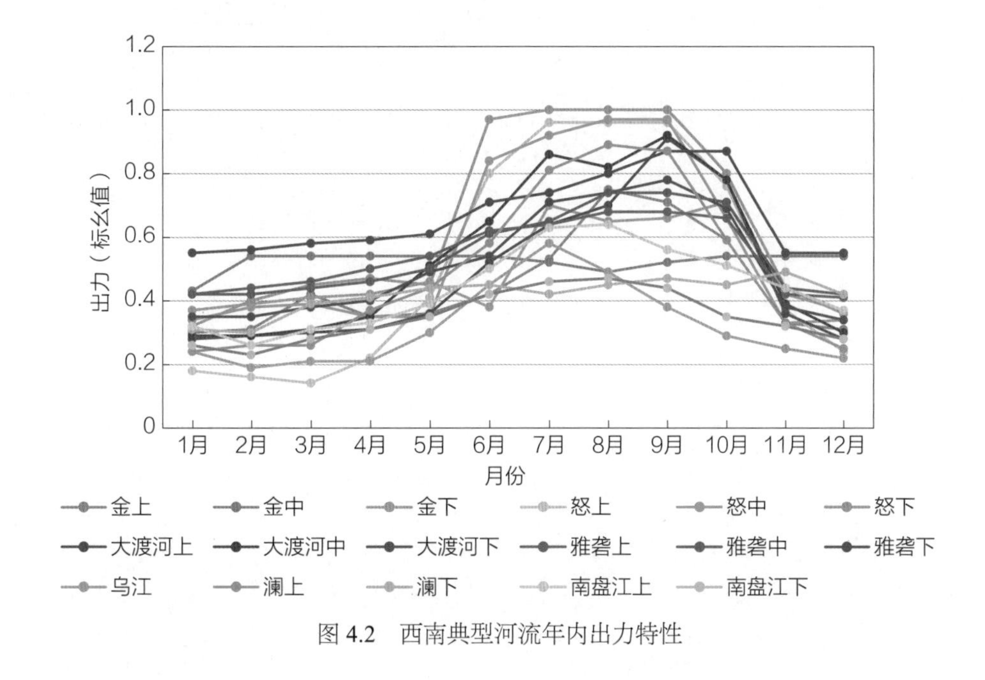

图4.2 西南典型河流年内出力特性

西南风电季节特性显著，夜间出力较大。西南八大流域近区风电出力呈现“春冬大，夏秋小”的季节特征，春季和冬季干旱少雨、风力较强，1—3月风电出力较大，电量占全年比例达到35%~45%，而夏季出力较小，7—9月电量占比仅为8%~18%。其中，金沙江上游、怒江上游、雅砻江下游风电电量最大月均为3月，电量最小月均为8月，最大月与最小月之间电量比值超过9。风电日内出力波动大，但平均出力具有一定规律，一般傍晚及夜间出力较大，而上午出力较小，最大值出现在 17 ~ 19 时，最小值出现在 8 ~ 10 时，以金沙江下游为例，全年 17 ~ 19 时电量是 6 ~ 8 时电量的 2 倍。部分河段近区风电年内出力特性如图 4.3 所示，部分河段近区风电日内平均出力特性如图 4.4 所示。

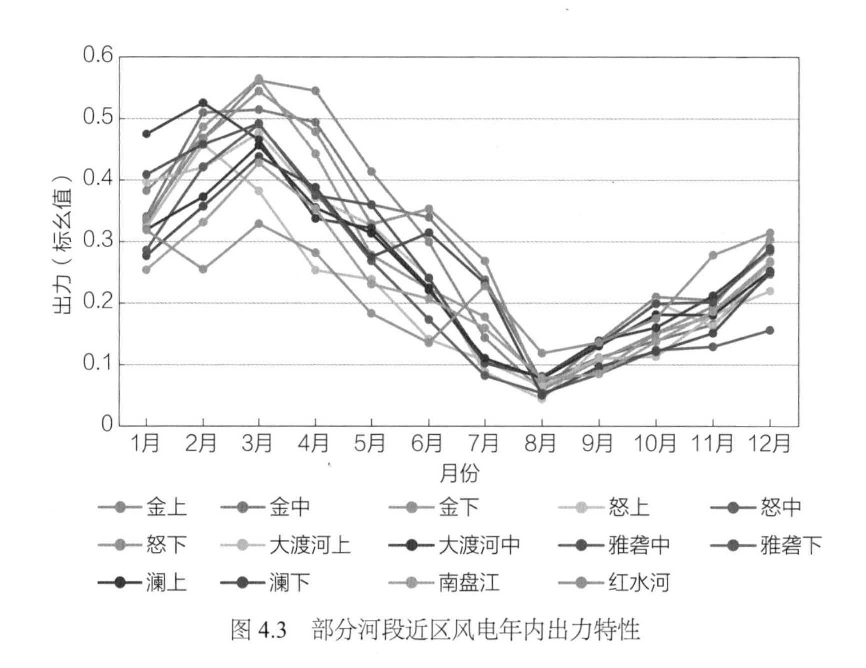

图 4.3　部分河段近区风电年内出力特性

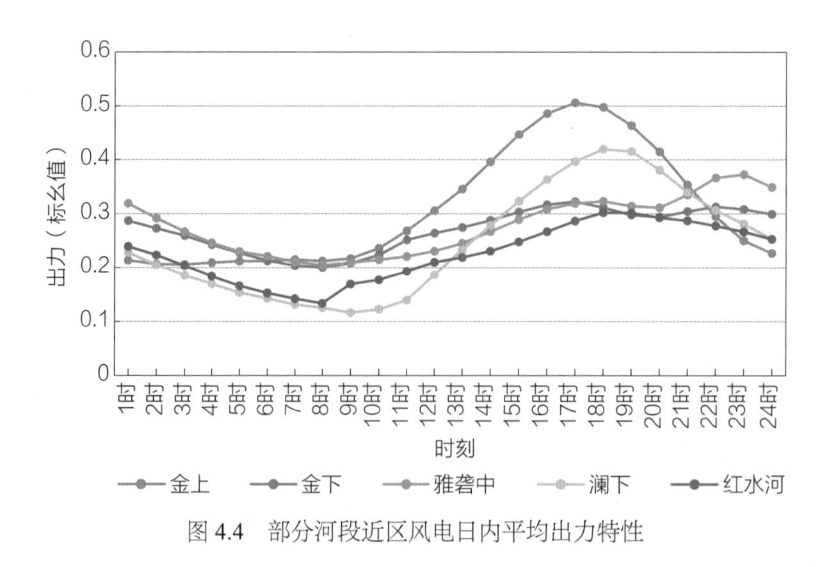

图 4.4　部分河段近区风电日内平均出力特性

西南光伏出力季节差异较小，日内出力昼夜特征显著。与风电类似，西南八大流域近区光伏出力总体呈“春冬大，夏秋小”，夏季由于高温多雨，日照强度和太阳电池组件效率均较低，虽然日照时长较长，但平均出力全年最小。以金沙江中游、大渡河中游、雅砻江下游为例，7—9 月电量占比约 21%，而 1—3 月电量占比达到 30%。与风电相比，西南流域近区光伏出力季节差异性相对较小，部分流域存在一定的地域差异性，例如南盘江/红水河近区光伏出力呈现“春夏大、秋冬小”特征。光伏日内出力时间特征较为明显，峰值一般为中午 12 ~ 14 时，夏季 21 ~ 次日 6 时、冬季 19 ~ 次日 8 时通常出力为 0，由于西南河流东西跨度较大，如金沙江上游与红水河东西跨度超过 1000 千米，区域东部河段光伏出力出现时间较西部河段晚约 1 小时。部分河段近区光伏年内出力特性如图 4.5 所示，部分河段近区光伏日内平均出力特性如图 4.6 所示。

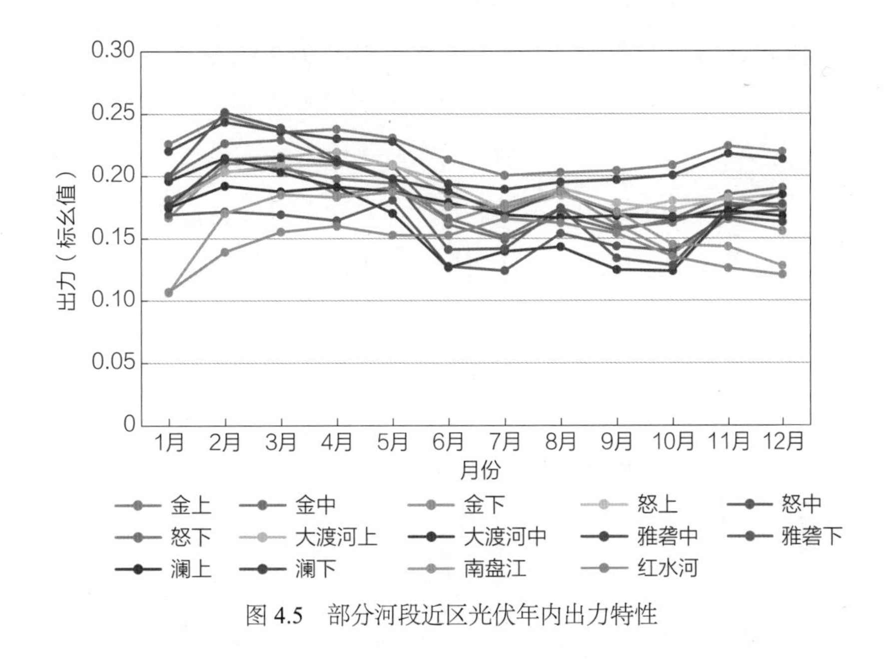

图 4.5 部分河段近区光伏年内出力特性

水风光互补方面，西南水电、风电、光伏年内出力互补特性较强，日内出力也具有一定程度的互补性。

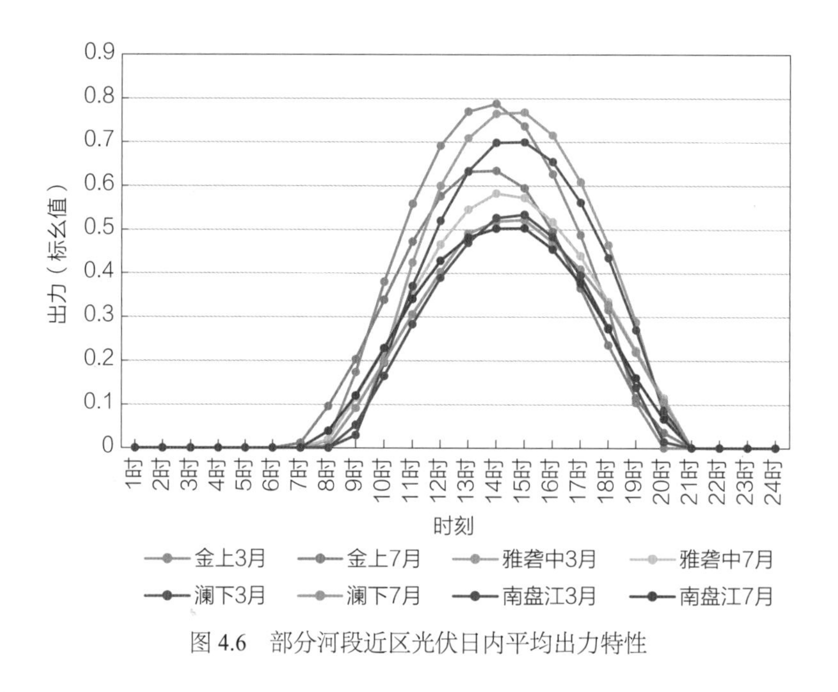

图 4.6　部分河段近区光伏日内平均出力特性

从年内互补特性看，西南水电和风电出力季节性波动大，光伏季节性波动相对较小。总体来看，水电枯水期新能源出力大，丰水期新能源出力小，与风电具有很强的季节互补特性，与光伏具有一定的季节互补特性。以金沙江上游为例，水电、风电、光伏丰枯期电量比分别为 1.7、0.5、0.9。若考虑水库根据新能源出力特点优化年内运行方式，则水电与新能源年内互补特性将更为显著。金沙江上游水风光年内互补特性如图 4.7 所示。

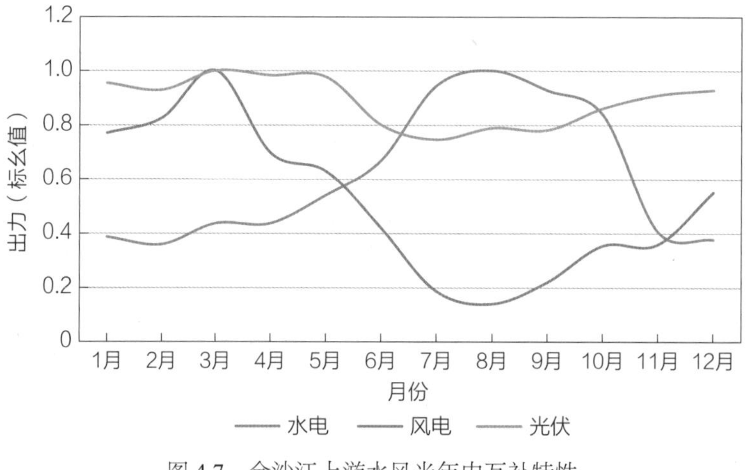

图 4.7　金沙江上游水风光年内互补特性

从日内互补特性看，水电由于水库的调蓄作用，除径流式水电外，一般能够实现电站日内出力在可调出力范围内灵活调整，平滑风光出力波动。风电和光伏受一次能源资源影响，出力不可控且难以预测，日内波动较大，但仍具有一定的规律性。风电出力通常白天较低而夜间较高，光伏出力白天高而夜间为 0，风电和光伏日内出力存在互补性，如图 4.8 所示。金沙江中游水风光日内互补运行如图 4.9 所示。

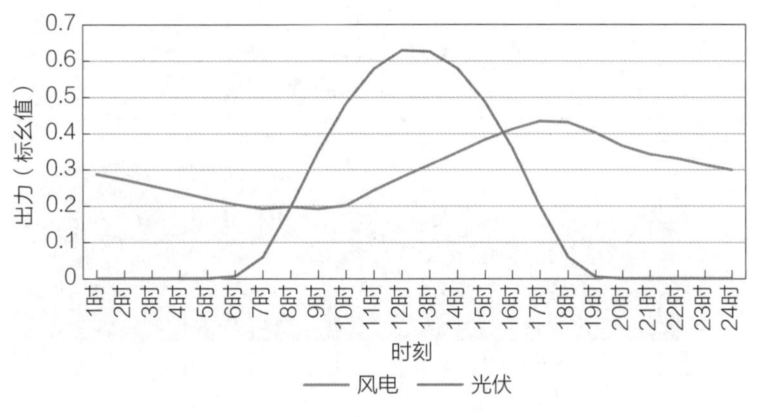

图 4.8　金沙江中游风光日内互补特性

4.1.4　水风光协同开发

在我国能源电力格局中，西南地区将由以水电为主的重要送端，逐步向水风光互补、送受端一体的大型清洁能源配置网络平台转变。内部主要通过大力开发风光新能源，与水电互补形成多元化的电源结构，支撑西南地区水风光协同开发，提升综合供电能力；外部利用电网互联可以为西北提供调节资源，承接西北清洁电力，在资源互补、保障供电的同时扩大向东中部外送规模，在更大范围实现清洁能源优化配置。在此背景下，西南水电定位将从传统的“电量供应为主、容量调节为辅”向“电量供应与灵活调节并重”转变，充分发挥灵活调节优势，与新能源协同发展，支撑建设新能源占比逐渐提高的新型电力系统。

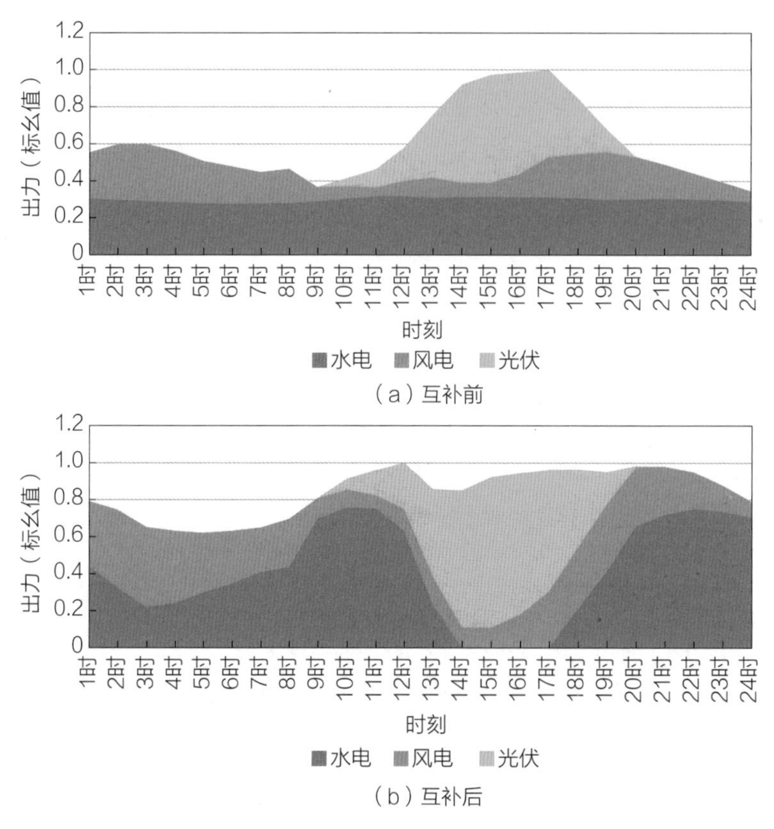

图 4.9 金沙江中游水风光日内互补运行示意

西南水风光协同开发是以水电开发为基础，以风光新能源开发为方向，实现水风光清洁能源综合优化开发、联合送出和高效消纳的系统工程。按协同开发范围从小到大可分为厂站级、流域级、区域级和跨区域级等不同层次。厂站级协同开发以单个水电站为单位，利用该水电站的调节能力配套开发新能源，与该水电站共享送出通道，联合送出消纳；流域级协同开发以单个流域为单位，利用该流域梯级水电站的联合调节能力优化配套开发新能源，并与流域水电联合送出消纳；区域级协同开发在区域内不同流域间充分共享水电调节能力和新能源资源，通过系统级的高效协同运行，提高新能源总体开发规模和系统供电保障能力；跨区域协同开发则进一步扩大协同开发范围，考虑利用本区域的水电调节能力，支撑其他区域的新能源开发、送出和消纳。不同层次下，随着地理范围的扩大，水电与新能源协同发展的规模效益愈发显著，多能互补优势更加突出[1]。

西南水风光协同开发应注重区域级和跨区域的大范围协同高效开发。西南水电具有集中程度高、装机规模大、调节性能好等显著优势，同时西南地区太阳能和风能资源较为丰富，决定了西南地区是我国水风光协同开发的主战场。从整个电力系统安全可靠高效运行的角度来看，西南水电的调节能力放在大系统中使用可发挥更大作用，仅采用厂站级或流域级水风光协同开发，在局部范围使用水电调节能力并非最佳选择。与此不同，区域级和跨区域的水风光协同开发能更好地统筹电源侧、电网侧、负荷侧资源，兼顾新能源并网消纳与电网灵活调节需求，最大化发挥水电灵活性，实现电力资源全局优化配置。因此，西南水风光协同开发总体上应更加注重区域级乃至跨区域的大范围整体规划和优化开发方式，在某些条件下可部分采用厂站级和流域级协同开发方式。

4.2 开 发 潜 力

4.2.1 研究方法

统筹考虑西南水电开发进度、新能源资源条件、送出通道规模、送受端负荷需求等因素，在充分发挥水电调节作用的情况下，分析近、远期可支撑的新能源开发消纳潜力。

研究水平年近期选取2030年、远期选取2050年。研究范围为金沙江、雅砻江、大渡河、乌江、怒江、澜沧江、南盘江/红水河、雅鲁藏布江等八大流域干流水电，以及干流200千米范围内且位于中国境内区域的新能源发电资源，包括海拔5000米以下的风电资源及海拔4500米以下的光伏资源。主要分析原则如下：

（1）电源组合。统筹考虑八大流域水电调节能力及近区新能源资源特性，采用送端

[1] 程春田. 碳中和下的水电角色重塑及其关键问题. 电力系统自动化，2021。

联合优化的方式，不同流域水电调节能力互济、新能源资源共享。

（2）送电曲线。参考当前典型送电曲线，结合送端电源出力特点、区内及区外受端负荷特性变化趋势进行适当调整，在不增加弃水的前提下，为新能源留出消纳空间。

水风光基地电力消纳范围如图 4.10 所示。

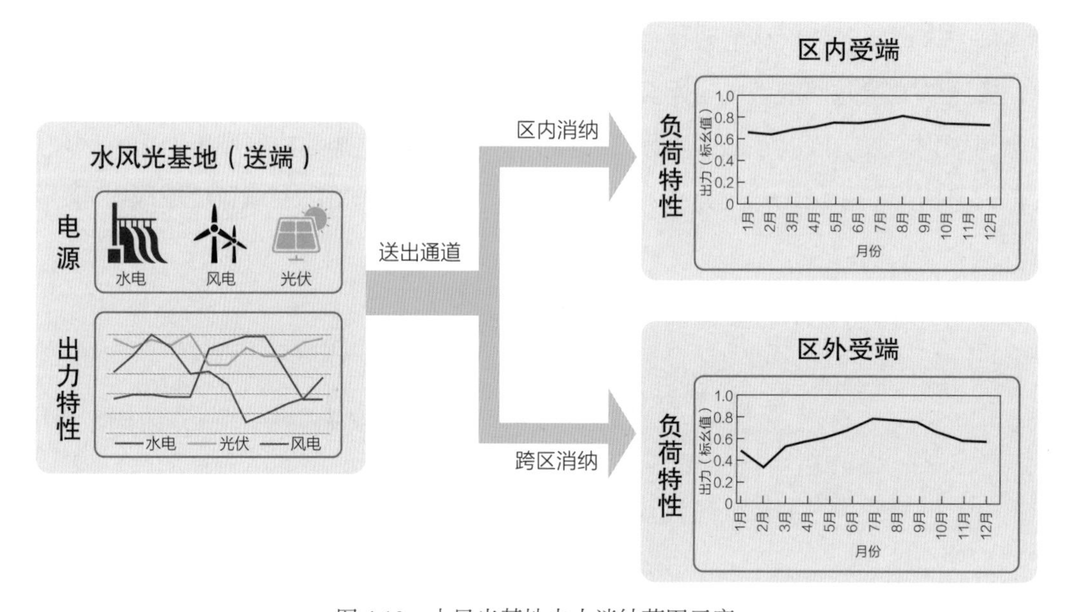

图 4.10　水风光基地电力消纳范围示意

年送电曲线基于“以水为主、风光并举”的送端电源结构，适当增加丰期送电比例。日送电曲线充分考虑新能源出力特性和受端负荷特性，合理安排送电峰谷时段。

（3）优化目标。以系统投资与运维费用之和最小为目标函数，综合考虑水电运行约束、风光出力特性约束、新能源利用率约束、联络线约束、系统运行约束等，通过优化求解得到规划水平年风光装机规模、输电通道利用率等决策评价指标。结合目前新能源实际消纳情况，新能源利用率按照 90%考虑。

（4）计算步骤。

1）考虑充分利用水电配套送出通道，测算西南水电支撑新能源开发规模，分析新能源开发利用程度和送出通道效率。

2）分析进一步提高新能源开发消纳规模的措施，比较放宽新能源利用率至 70%、扩建送出通道两种方式对支撑新能源能力的提升规模及效益。其中，扩建送出通道方式下，为保证水风光协同开发的电网效益，通道利用效率不应低于仅输送水电时的通道利用率。因此，扩建送出通道方式下，通道利用率选取三种水平，一是与水电平均发电小时数基本持平，约 4500 小时；二是参考近几年直流工程平均利用小时数，约 5500 小时；三是通道利用小时数高于 5500 小时，与最大负荷利用小时数基本持平，约 6000 小时。

专栏 4.1 水风光协同规划模型

水风光协同规划模型（见图 4.11）以系统投资与运维费用之和最小为目标函数，综合考虑水电运行约束、风光出力特性约束、联络线约束、系统运行约束等，通过优化求解得到规划水平年风光装机规模、消纳电量、输电通道利用率等决策评价指标，并结合具体开发条件形成流域水风光协同开发方案。针对水风光互补发电系统，规划模型以小时为步长，开展水平年内 8760 小时逐时段生产运行模拟。

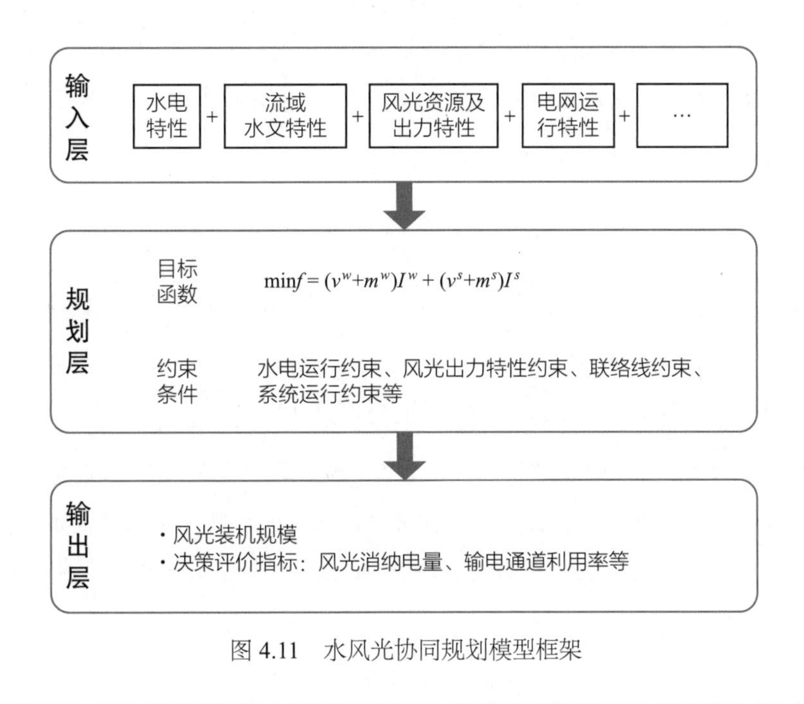

图 4.11 水风光协同规划模型框架

目标函数的数学表达式如下

$$\min f=(v^{w}+m^{w})I^{w}+(v^{s}+m^{s})I^{s}$$

式中：v^{w}、m^{w}分别为单位容量风电的投资成本、运维成本（元/兆瓦）；v^{s}、m^{s}分别为单位容量光伏的投资成本、运维成本（元/兆瓦）；I^{w}、I^{s}分别为风电、光伏规划装机容量（兆瓦）。

约束条件主要包括水电运行约束、风光出力特性约束、联络线约束、系统运行约束四类。

（1）水电运行约束。水电站在运行过程中，在时间维度，相邻时刻的水库水位变化受入库流量和出库流量影响，需要满足水量平衡方程；在空间维度，上游水库出库流量影响下游水库入库流量，且具有电气联系的梯级水库需满足联络线约束。因此，水电运行过程是一个具有时空耦合特征的复杂物理过程。

水库水量平衡方程约束表达式如下

$$S_{t+1}=S_{t}+(Q_{t}^{\text{in}}-Q_{t}^{\text{out}})\Delta t$$

式中：S_{t+1}、S_{t}分别为时段$t+1$、时段t的水库库容（立方米）；Q_{t}^{in}、Q_{t}^{out}分别为时段t的水库入库流量、出库流量（立方米/秒）；Δt为时段间隔（秒）。

水力发电方程约束表达式如下

$$Ph_{t}=kQ_{t}^{\text{power}}\left(\frac{Z_{t}+Z_{t+1}}{2}-Z_{t}^{\text{station}}-H_{t}^{\text{loss}}\right)$$

式中：Ph_{t}为时段t的电站出力（兆瓦）；k为电站出力系数；Q_{t}^{power}为时段t的电站发电流量（立方米/秒）；Z_{t}、Z_{t+1}分别为时段t、时段$t+1$的水库坝上水位（米）；Z_{t}^{station}、H_{t}^{loss}分别为时段t的电站发电尾水位、水头损失（米）。

除水量平衡方程、水力发电方程约束外，水电运行约束还有水库库容约束、出库流量约束、电站出力约束、水位—库容曲线约束、尾水位—下泄流量曲线约束等。

（2）风光出力特性约束。风电、光伏运行过程主要受发电能力、新能源利用率等约束影响，即

$$\begin{cases}0\leqslant Pw_{t}\leqslant Pw_{t}^{\max}\\0\leqslant Ps_{t}\leqslant Ps_{t}^{\max}\end{cases}$$

$$\sum_{t=1}^{T}(Pw_t + Ps_t) / \sum_{t=1}^{T}(Pw_t^{\max} + Ps_t^{\max}) \geqslant \delta$$

式中：Pw_t、Ps_t、$Pw_t^{\max}$、$Ps_t^{\max}$ 分别为时段 t 的风电出力、光伏出力、风电出力上限、光伏出力上限（兆瓦）；T 为时段数；δ 为新能源利用率下限。

（3）联络线约束。联络线运行过程中受输电容量限制，即

$$-Tl_t^{\max} \leqslant Ph_t + Pw_t + Ps_t \leqslant Tl_t^{\max}$$

式中：$Tl_t^{\max}$ 为时段 t 的联络线最大输电容量（兆瓦）。

（4）系统运行约束。系统运行过程中需满足电力平衡约束，即

$$Ph_t + Pw_t + Ps_t = D_t$$

式中：D_t 为时段 t 的系统负荷需求（兆瓦）。

4.2.2 近期潜力

2030 年，利用水电配套送出通道，在新能源利用率 90%条件下，西南八大流域 1.9 亿千瓦水电可支撑开发新能源 2.4 亿千瓦，水电与可支撑新能源装机配比约 1:1.2。送出通道平均利用小时数超过 6100 小时，相对西南水电平均发电小时数 4250 小时，水电配套送出线路利用小时数提升 1850 小时。利用水电配套送出通道，支撑的风电、光伏开发规模分别为 0.6 亿、1.8 亿千瓦，占风电、光伏技术可开发规模的比重分别为 26%和 2%，新能源开发消纳规模可通过扩建送出通道进一步提升。

扩建送出通道 2500 万～1.7 亿千瓦，通道总规模达到 2.2 亿～3.6 亿千瓦，西南八大流域水电可支撑新能源装机容量 3.2 亿～5.7 亿千瓦，新能源利用率保持 90%。相比利用水电配套送出通道，支撑新能源装机的规模增加显著，增加约 7600 万～3.3 亿千瓦，增量新能源装机的平均发电小时数均超过 1400 小时，送出通道平均利用小时数为 4500～6000 小时，新能源装机以及送电通道利用效率均能保持较高水平。在扩建送出通道的情况下，风电、光伏开发利用最大规模分别占技术可开发量的 61%和 4%。

2030 年西南水电支撑新能源开发消纳规模如表 4.6 所示。

表 4.6 2030 年西南水电支撑新能源开发消纳规模

扩建方式	水电（万千瓦）	新能源（万千瓦）			送出通道（万千瓦）		通道利用小时数（小时）	新能源:水电
		合计	风电	光伏	总规模	其中新增		
利用水电通道	19309	24008	5737	18271	19500	0	6168	1.2
扩建 1		31652	7648	24004	22065	2565	5950	1.6
扩建 2		40709	9855	30854	26365	6865	5476	2.1
扩建 3		56728	13509	43219	36335	16835	4576	2.9

其中，通道利用小时数约为 6000 小时的情况下[1]，扩建通道规模是水电装机规模的 13%，八大流域水电与可支撑的新能源发电装机配比整体为 1:1.6。扩建通道规模约 2570 万千瓦，通道总规模达到 2.2 亿千瓦，可支撑开发新能源 3.2 亿千瓦，其中风电 0.8 亿千瓦、光伏 2.4 亿千瓦，增量新能源装机的平均发电利用小时数约 1550 小时。

通道利用小时数约为 5500 小时的情况下，扩建通道规模是水电装机规模的 36%，八大流域水电与可支撑的新能源发电装机配比整体为 1:2。扩建通道规模约 6870 万千瓦，通道总规模达到 2.6 亿千瓦，可支撑开发新能源 4.1 亿千瓦，其中风电 1 亿千瓦、光伏 3.1 亿千瓦，增量新能源装机的平均发电小时数约 1500 小时。

通道利用小时数约为 4500 小时的情况下[2]，扩建通道规模是水电装机规模的 87%，八大流域水电与可支撑的新能源发电装机配比整体为 1:3。扩建通道规模约 1.7 亿千瓦，通道总规模达到 3.6 亿千瓦，可支撑开发新能源 5.7 亿千瓦，其中风电 1.4 亿千瓦、光伏 4.3 亿千瓦，增量新能源装机的平均发电小时数约 1440 小时，此时海拔 4500 米以下的风电技术可开发资源已基本开发完毕。

2030 年西南各流域水电支撑新能源开发消纳规模如表 4.7 所示。

---

[1] 与不扩建通道时的通道利用小时数基本持平。

[2] 与单独送水电时的通道利用小时数基本持平。

表 4.7 2030 年西南各流域水电支撑新能源开发消纳规模

扩建方式	水电（万千瓦）	新能源（万千瓦）			送出通道（万千瓦）		通道利用小时数（小时）	新能源:水电
		合计	风电	光伏	总规模	其中新增		
一、金沙江								
利用水电通道	7446	9420	2141	7279	7500	0	6226	1.3
扩建 1		13214	2874	10340	9100	1600	5800	1.8
扩建 2		16013	2994	13019	10700	3200	5320	2.2
扩建 3		20357	3500	16857	13900	6400	4549	2.7
二、雅砻江								
利用水电通道	2669	989	234	755	2700	0	5947	0.4
扩建 1		2620	1007	1613	3150	450	5953	1.0
扩建 2		5501	2001	3500	4200	1500	5483	2.1
扩建 3		10146	4087	6059	6900	4200	4549	3.8
三、大渡河								
利用水电通道	2579	2215	961	1254	2600	0	5813	0.9
扩建 1		3943	1225	2718	2900	300	6000	1.5
扩建 2		6144	2255	3889	3850	1250	5507	2.4
扩建 3		8646	2955	5691	5450	2850	4585	3.4
四、怒江								
利用水电通道	1813	2164	246	1918	1850	0	6420	1.2
扩建 1		2656	387	2269	2050	200	6120	1.5
扩建 2		3164	450	2714	2350	500	5630	1.7
扩建 3		5345	699	4646	3550	1700	4585	2.9
五、澜沧江								
利用水电通道	2561	4092	335	3757	2560	0	6319	1.6
扩建 1		4501	335	4166	2860	300	5500	1.7
扩建 2		5319	335	4984	3460	900	4500	2.1

续表

扩建方式	水电（万千瓦）	新能源（万千瓦）			送出通道（万千瓦）		通道利用小时数（小时）	新能源:水电
		合计	风电	光伏	总规模	其中新增		
六、乌江								
利用水电通道	876	2138	694	1444	900	0	5933	2.4
扩建 1		2396	694	1702	1000	100	5500	2.7
扩建 2		3287	694	2593	1400	500	4500	3.7
七、南盘江/红水河								
利用水电通道	1365	2990	1126	1864	1400	0	6000	2.2
扩建 1		3628	1239	2389	1700	300	4500	2.6
八、雅鲁藏布江（无电站投产）								

4.2.3 远期潜力

2050 年，利用水电配套送出通道，在新能源利用率 90%条件下，西南八大流域 3.1 亿千瓦水电可支撑开发新能源 3.6 亿千瓦，水电与可支撑新能源装机配比约 1:1.2。送出通道平均利用小时数超过 6100 小时，相对西南水电平均发电小时数 4350 小时，水电配套送出线路利用小时数提升约 1750 小时。利用水电配套送出通道，支撑的风电、光伏开发规模分别为 0.8 亿、2.8 亿千瓦，占风电、光伏技术可开发规模的比重分别为 36%和 3%。

西南八大流域水电扩建送出通道 4700 万～2.8 亿千瓦，通道总规模达到 3.5 亿～5.8 亿千瓦，西南八大流域水电可支撑新能源装机容量 4.8 亿～9.1 亿千瓦，新能源利用率保持 90%。相比利用水电配套送出通道，支撑新能源规模增加为 1.2 亿～5.5 亿千瓦，增量新能源装机的平均发电小时数为 1460～1580 小时，送出通道平均利用小时数为 4600～5900 小时，新能源装机以及送电通道利用效率均能保持较高水平。在扩建送出通道的情况下，风电、光伏开发利用最大规模分别占技术可开发资源量的 86%和 7%。

2050 年西南水电支撑新能源开发消纳规模如表 4.8 所示。

表 4.8 2050 年西南水电支撑新能源开发消纳规模

扩建方式	水电（万千瓦）	新能源（万千瓦）			送出通道（万千瓦）		通道利用小时数（小时）	新能源:水电
		合计	风电	光伏	总规模	其中新增		
利用水电通道	30574	35657	7831	27826	30600	0	6168	1.2
扩建 1		47962	10319	37643	35300	4700	5897	1.6
扩建 2		61476	13386	48090	41700	11100	5468	2.0
扩建 3		90925	19028	71897	58500	27900	4615	3.0

其中，通道利用小时数约为 6000 小时的情况下[1]，扩建通道规模是水电装机规模的 15%，八大流域水电与可支撑的新能源发电装机配比整体为 1:1.6。在扩建通道 4700 万千瓦条件下，送出通道总规模达到 3.5 亿千瓦，可支撑开发新能源 4.8 亿千瓦，其中风电 1 亿千瓦、光伏 3.8 亿千瓦，增量新能源装机的平均发电小时数约 1580 小时。

通道利用小时数约为 5500 小时的情况下，扩建通道规模是水电装机规模的 36%，八大流域水电与可支撑的新能源发电装机配比整体为 1:2。在扩建通道 1.1 亿千瓦条件下，送出通道总规模达到 4.2 亿千瓦，可支撑开发新能源 6.1 亿千瓦，其中风电 1.3 亿千瓦、光伏 4.8 亿千瓦，增量新能源装机的平均发电小时数约 1520 小时。

通道利用小时数约为 4500 小时的情况下[2]，扩建通道规模是水电装机规模的 91%，八大流域水电与可支撑的新能源发电装机配比整体为 1:3。在扩建通道 2.8 亿千瓦条件下，送出通道总规模达到 5.8 亿千瓦，可支撑开发新能源 9.1 亿千瓦，其中风电 1.9 亿千瓦、光伏 7.2 亿千瓦，增量新能源装机的平均发电小时数约 1460 小时，此时海拔 4500 米以下的风电技术可开发资源已开发完，需要开发海拔 4500 ~ 5000 米的风电资源。

2050 年西南各流域水电支撑新能源开发消纳规模如表 4.9 所示。

---

[1] 与不扩建通道时的通道利用小时数基本持平。

[2] 与单独送水电时的通道利用小时数基本持平。

表 4.9　　2050 年西南各流域水电支撑新能源开发消纳规模

扩建方式	水电（万千瓦）	新能源（万千瓦）			送出通道（万千瓦）		通道利用小时数（小时）	新能源:水电
		合计	风电	光伏	总规模	其中新增		
一、金沙江								
利用水电通道	8280	11615	2150	9465	8300	0	6400	1.4
扩建 1		17633	2998	14635	11100	2800	5964	2.1
扩建 2		19379	3016	16363	12300	4000	5532	2.3
扩建 3		24590	3550	21040	16300	8000	4580	3.0
二、雅砻江								
利用水电通道	2898	1228	496	732	2900	0	5947	0.4
扩建 1		2900	1146	1754	3350	450	5964	1.0
扩建 2		5986	2141	3845	4450	1550	5532	2.1
扩建 3		10782	4314	6468	7300	4400	4532	3.7
三、大渡河								
利用水电通道	2677	2362	1293	1069	2700	0	5824	0.9
扩建 1		4087	1325	2762	3000	300	6011	1.5
扩建 2		6299	2310	3989	4950	1250	5530	2.4
扩建 3		8956	3065	5891	5650	2950	4580	3.3
四、怒江								
利用水电通道	3697	4217	1213	3004	3700	0	6560	1.1
扩建 1		6493	2005	4488	4700	1000	6011	1.8
扩建 2		8852	2632	6220	5800	2100	5530	2.4
扩建 3		12230	3098	9132	7400	3700	4580	3.3
五、澜沧江								
利用水电通道	3120	4825	335	4490	3200	0	6000	1.5
扩建 1		5616	335	5281	3700	500	5500	1.8
扩建 2		6764	335	6429	4500	1300	4500	2.1

续表

扩建方式	水电（万千瓦）	新能源（万千瓦）			送出通道（万千瓦）		通道利用小时数（小时）	新能源:水电
		合计	风电	光伏	总规模	其中新增		
六、乌江								
利用水电通道	876	2138	694	1444	900	0	5933	2.4
扩建 1		2396	694	1702	1000	100	5500	2.7
扩建 2		3287	694	2593	1400	500	4500	3.7
七、南盘江/红水河								
利用水电通道	1365	2990	1126	1864	1400	0	6000	2.2
扩建 1		3628	1239	2389	1700	300	4500	2.6
八、雅鲁藏布江①								
利用水电通道	7661	6283	524	5759	8000	0	5900	0.8
扩建 1		6894	689	6205	8200	200	5500	0.9
扩建 2		9959	1133	8826	14700	6700	4500	1.3

① 雅鲁藏布江下游水电尚处于前期规划阶段，流域水文特性及水电出力特性暂不明确，相关计算结果参考其他流域研究成果进行推算。

专栏 4.2 龙头电站对支撑新能源消纳的影响（以龙盘水电站为例）

龙头电站是指位于流域上游且具有较大调节库容的控制性水电站。龙头电站利用库容优势调节径流，蓄丰补枯，可以对水资源进行跨时空调配，显著改善流域梯级水电整体调节能力。

龙盘水电站为金沙江中游“一库八级”梯级电站群中的龙头电站，规划装机容量 420 万千瓦，预计 2035 年投产。龙盘水电站具备多年调节能力，正常蓄水位2010米，调节库容高达约220亿立方米，对下游梯级的补偿调节效益巨大。以金沙江中游梯级水电为例，分析龙盘水电站投产前后流域支撑新能源消纳的变化（见表4.10和图4.12）。

表4.10 龙盘水电站投产前后流域支撑新能源规模变化

投产情况	水电（万千瓦）	新能源（万千瓦）				新能源:水电
		风电	光伏	合计	差值	
无龙盘	1436	659	74	733	—	0.5
有龙盘	1856	659	1441	2100	1367	1.1

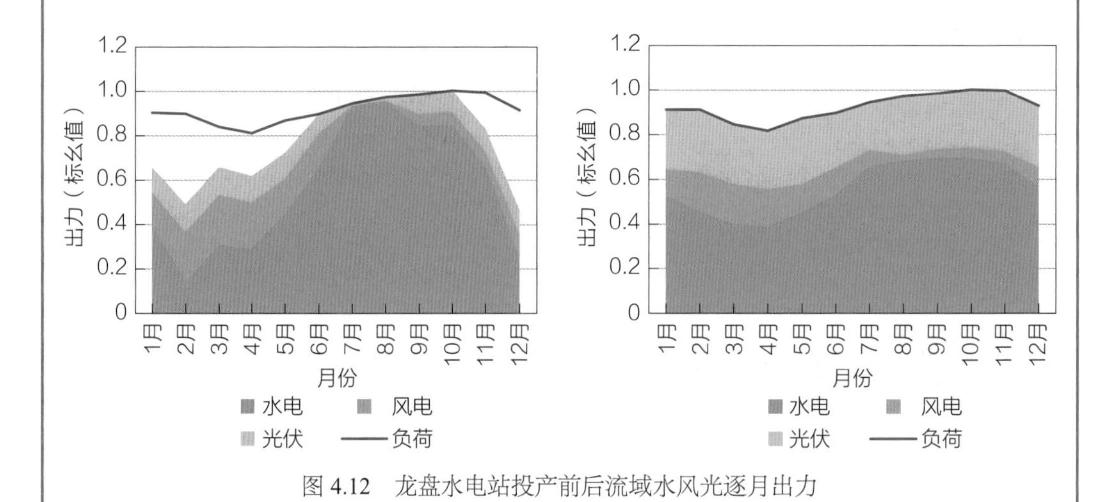

图4.12 龙盘水电站投产前后流域水风光逐月出力

龙头电站对新能源消纳的杠杆支撑作用显著。龙盘水电站投产后，水电装机容量增加420万千瓦，新能源装机容量增加约1370万千瓦，新能源与水电的增量比例高达3.2。新能源总装机容量与流域水电配比由0.5提升至1.1。

4.3 开 发 方 案

4.3.1 外送规模

根据西南八大流域水风光协同开发后的西南地区电力平衡情况，综合电力盈余规模和各流域不同河段可扩建送出通道规模，分析西南八大流域水风光基地可新增的跨区外送规模。西南水风光跨区外送能力分析思路如图 4.13 所示。

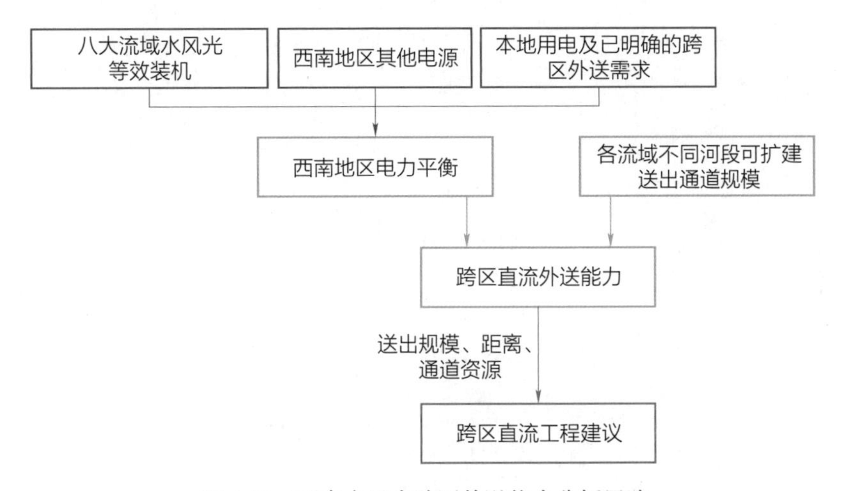

图 4.13　西南水风光跨区外送能力分析思路

目前，西南地区八大流域已建成 8 回 ± 800 千伏和 4 回 ± 500 千伏直流工程参与“西电东送”，输送水电共计 6580 万千瓦；已开展前期工作及在建的 3 回 ± 800 千伏直流工程集中在金沙江上游和下游，外送水电共计 2400 万千瓦；远期在怒江上游、澜沧江上游、雅鲁藏布江下游规划 5 回 ± 800 千伏直流工程，外送水电 4000 万千瓦。预计到 2030 年，八大流域水电将建成 11 回 ± 800 千伏和 4 回 ± 500 千伏直流工程，外送水电 8980 万千瓦；2050 年，达到 16 回 ± 800 千伏和 4 回 ± 500 千伏直流工程，外送水电共计 12980

万千瓦。八大流域各河段的供电范围和区外送电规模如表 4.11 所示。

表 4.11　　八大流域各河段的供电范围和区外送电规模

流域	河段	主要消纳区域	已建跨区外送工程	规模（万千瓦）	在建及规划跨区外送工程	规模（万千瓦）
金沙江	上游	华中、川渝	—	—	±800 千伏金上—湖北直流	800
	中游	广西、云南	金中（金官）±500 千伏直流	500	—	—
	下游	川渝、华中、华东、广东	复奉、宾金、昆柳龙等 3 回 ±800 千伏直流 牛从 ±500 千伏直流	2880	白鹤滩—浙江、白鹤滩—江苏等 2 回 ±800 千伏直流	1600
怒江	上游	广东	—	—	至广东 ±800 千伏直流	800
	中下游	云南	—	—	—	—
大渡河	全流域	川渝	—	—	—	—
雅砻江	上游	川渝	—	—	—	—
	中游	川渝、华中	雅中 ±800 千伏直流	800	—	—
	下游	川渝、华东	锦苏 ±800 千伏直流	720	—	—
澜沧江	上游	云南、广东	新东（滇西北）±800 千伏直流	500	至广东 ±800 千伏直流	800
	中下游	云南、广东	楚穗（小湾）、糯扎渡—广东等 2 回 ±800 千伏直流	1000	—	—
乌江	全流域	贵州	—	—	—	—
南盘江/红水河	全流域	广西、广东	±500 千伏天广直流	180	—	—
雅鲁藏布江	下游	川渝、贵州、广西、广东、华东、华中	—	—	远期至广西、广东、湖南等 3 回 ±800 千伏直流	2400
合计规模			—	6580	—	6400

2030、2050 年，西南地区用电负荷预计分别达到 1.9 亿、2.9 亿千瓦[1]；综合考虑八大流域跨区外送及西南受入西北电力后，净外送电力将分别达到 8980 万、12980 万千瓦；利用水电配套通道情况下，八大流域水风光等效装机容量[2]分别约为 2 亿、3.1 亿千瓦；不同扩建送出通道规模情况下，2030 年约 2.2 亿～3.6 亿千瓦，2050 年约 3.5 亿～5.9 亿千瓦；地区其他电源和已建新能源装机分别共计 2.2 亿、2 亿千瓦。基于八大流域水风光协同开发的西南地区电力（丰期）平衡如表 4.12 所示。

表 4.12　基于八大流域水风光协同开发的西南地区电力（丰期）平衡

单位：万千瓦

序号	送出方式	2030 年				2050 年			
		利用水电通道	扩建 1	扩建 2	扩建 3	利用水电通道	扩建 1	扩建 2	扩建 3
	通道利用小时数（小时）	6100	6000	5500	4500	6100	6000	5500	4500
1	计算负荷	19002				28687			
2	负荷备用	0.12				0.12			
3	系统需要装机容量	21282				32129			
4	八大流域等效装机容量	19500	22065	26365	36335	30600	35300	41700	58500
	常规水电	19309	19309	19309	19309	30574	30574	30574	30574
	风电	5737	7648	9855	13509	7831	10319	13386	19028
	光伏	18271	24004	30854	43219	27826	37643	48090	71897
5	西南地区其他电源	21611				19601			
	常规水电	8283				7607			
	抽水蓄能	489				489			
	煤电	7258				3189			
	气电	1292				3384			

[1] 数据来源：全球能源互联网发展合作组织，中国 2030 年能源电力发展规划研究及 2060 年展望，2021 年 3 月。

[2] 八大流域采用水风光协同开发模式，等效装机规模等于送出通道总规模。

续表

序号	送出方式	2030年				2050年			
		利用水电通道	扩建1	扩建2	扩建3	利用水电通道	扩建1	扩建2	扩建3
	通道利用小时数（小时）	6100	6000	5500	4500	6100	6000	5500	4500
5	风电（现状）	2083				2083			
	光伏（现状）	1426				1426			
	生物质及其他	780				1423			
6	参与平衡容量	30346	32146	35294	37606	40382	43386	48312	52144
	八大流域	17550	19975	23122	25435	27540	32192	37118	40950
	西南地区其他电源	12171				11194			
7	已明确区外送（－）受（+）电	－8700				－8800			
	八大流域跨区外送	－8980				－12980			
	西北—西南联网	1980				5980			
	渝鄂背靠背	－500				－500			
	跨国送电	－1200				－1300			
8	电力盈（+）亏（－）	364	2164	5311	7624	－547	2456	7382	11214

西南地区电源装机综合考虑八大流域水风光协同开发及其他电源适当发展后，近期及远期均可基本满足本地负荷用电需求和已明确的跨区送电需求。

（1）利用水电送出通道的情况下，西南地区电源装机可基本满足本地负荷用电需求和已明确的跨区送电需求，2030年盈余约360万千瓦电力，2050年存在电力缺额约550万千瓦，八大流域水风光基地不新增跨区外送。

（2）扩建送出通道的情况下，西南地区电源装机在满足本地负荷用电需求和已明确的跨区送电需求基础上，近、远期均存在较大电力盈余，2030年盈余2160万～7630万千瓦电力，2050年盈余2450万～11220万千瓦电力，富余电力可通过新增跨区外送通道实现消纳。通道利用小时数分别约6000、5500、4500小时的情况下，2050年可新增跨区直流外送能力分别为 2100 万、6650 万、1.5 亿千瓦。

八大流域各河段可新增跨区直流外送能力如表 4.13 所示。

表 4.13　　八大流域各河段可新增跨区直流外送能力　　单位：万千瓦

序号	送出方式	2030 年				2050 年			
		利用水电通道	扩建 1	扩建 2	扩建 3	利用水电通道	扩建 1	扩建 2	扩建 3
	通道利用小时数（小时）	6100	6000	5500	4500	6100	6000	5500	4500
1	电力盈（+）亏（-）	364	2164	5311	7624	-547	2456	7382	11214
	八大流域对应富余等效装机	391	2390	6056	10403	—	2693	8294	14927
2	八大流域可采用直流外送的通道	—	—	4250	13270	—	2100	6650	18870
	金沙江上游	—	—	800	1600	—	—	800	1600
	金沙江中游	—	—	800	1600	—	1300	1600	3200
	金沙江下游	—	—	1600	3200	—	—	1600	3200
	雅砻江上游	—	—	—	—	—	—	—	800
	雅砻江中游	—	—	—	1400	—	—	—	1400
	雅砻江下游	—	—	1050	2220	—	—	1050	2220
	大渡河中游	—	—	—	1400	—	—	—	1400
	大渡河下游	—	—	—	850	—	—	—	850
	澜沧江上游	—	—	—	—	—	—	—	800
	怒江上游	—	—	—	—	—	800	1600	2400
	怒江中游	—	—	—	1000	—	—	—	1000
3	八大流域新增跨区直流外送能力	0	0	4250	10403	0	2100	6650	14927

受走廊资源有限等客观因素制约，西南水风光清洁能源基地的送电方式应尽量采用大容量特高压输电方式，提高通道利用效率，考虑高于西南水电发电小时数的 6000 小时和 5500 小时两种情况。

跨区外送通道利用小时数为 6000 小时的情况下，西南水风光清洁能源基地 2050 年可新增特高压直流跨区外送工程 2 回，送电规模 2000 万千瓦，分别为金沙江中游 ±1100 千伏直流工程，规模 1200 万千瓦；怒江上游 ±800 千伏直流工程，规模 800 万千瓦。到 2050 年，西南八大流域水风光清洁能源基地跨区参与“西电东送”的特高压直流工程 18 回、超高压直流工程 4 回，送电规模共计 1.5 亿千瓦。

跨区外送通道利用小时数为 5500 小时的情况下，西南水风光清洁能源基地 2050 年可新增特高压直流跨区外送工程 5 回，送电规模 5400 万千瓦，具体为 1 回金沙江上游 ±800 千伏直流工程，规模 800 万千瓦；4 回 ±1100 千伏直流输电工程，送电规模 4600 万千瓦，分别为金沙江中游 1200 万千瓦、金沙江下游 1200 万千瓦、雅砻江下游 1000 万千瓦、怒江上游 1200 万千瓦。到 2050 年，西南八大流域水风光清洁能源基地跨区参与“西电东送”的特高压直流工程 21 回、超高压直流工程 4 回，送电规模共计 1.8 亿千瓦。

新增跨区外送工程如表 4.14 所示。

表 4.14　　新增跨区外送工程

序号	跨区外送工程	电压等级（千伏）	通道容量（万千瓦）	
			通道利用小时数 6000 小时	通道利用小时数 5500 小时
1	金沙江上游直流工程	±800	—	800
2	金沙江中游直流工程	±1100	1200	1200
3	金沙江下游直流工程	±1100	—	1200
4	怒江上游直流工程	±800	800	—
		±1100	—	1200
5	雅砻江下游直流工程	±1100	—	1000
	合计		2000	5400

4.3.2 经济性分析

基于近期、远期水平年西南水电支撑新能源开发潜力规模，计算水风光综合上网电价、输电电价，分析落地电价的电价竞争力。主要分析思路如下：

（1）根据风电、光伏造价成本现状及未来变化趋势，分析近远期水平年西南风电、光伏上网电价；根据电量加权平均原则，测算西南水风光协同开发综合上网电价。

（2）根据不同技术类型跨区外送直流输电通道的造价成本，估算输电价，并对输电通道利用率、输电距离等主要影响因素进行敏感性分析。

（3）根据综合上网电价和输电价，分析西南水风光协同开发外送落地电价的竞争力。

4.3.2.1 电价测算

1. 测算参数

发电侧，大型水电站上网电价多采用“一站一价”，综合考虑不同水电站的建设时间、开发条件、库容规模、大坝类型等差异，西南水电上网电价统一按 0.4 元/千瓦时考虑。风电、光伏的上网电价根据造价水平进行估算。新能源随着设备技术持续进步和规模效应日益凸显，造价水平将逐年下降，预计 2030 年，风电、光伏造价水平将较 2020 年分别下降 17%、22%；2050 年，风电、光伏造价水平将在 2030 年基础上再下降 30%、40%。考虑西南多山地，交通施工条件不佳，造价较一般水平高 10%～20%。由于西南风电可开发规模较小、光伏可开发规模极大，根据水电可支撑新能源消纳规模，光伏开发重点为海拔 4000 米以下地区，而风电除开发低海拔地区风能资源外，还需要开发海拔 4000～5000 米的高海拔地区。考虑海拔每上升 500 米，风电造价再上浮约 20%。西南风电、光伏造价成本参数如表 4.15 所示。

表 4.15　　西南风电、光伏造价成本参数　　单位：元/千瓦

项目		2030 年	2050 年
风电	4000 米及以下	5700	4250
	4000～4500 米	6800	5100
	4500～5000 米	8000	5950
光伏	4000 米及以下	2750	1700

输电侧，当前“西电东送”跨省跨区外送主要采用特/超高压直流输电，包括±800千伏、输电容量800万/720万/640万/500万千瓦，±500千伏、输电容量320万/300万千瓦。未来扩建输电通道主要考虑±1100千伏、输电容量1200万/1000万千瓦，±800千伏、输电容量800万千瓦。输电通道造价主要根据当前同类工程造价进行测算，并结合西南实际情况进行适当调整。输电工程投资测算参数如表4.16所示。

表4.16 输电工程投资测算参数

电压等级	换流站、变电站（元/千伏安，元/千瓦）	线路（万元/千米）	典型输电距离（千米）	典型输电容量（万千瓦）
±1100千伏	735	753	2500～3500	1000～1200
±800千伏	855	610	1500～2500	800～1000
±500千伏	800	260	500～1500	300

2. 上网电价测算

风电、光伏平均上网电价与造价成本、发电利用小时数、新能源利用率等因素相关。预计2030年，流域近区海拔4000米以下风电、光伏上网电价分别为0.32、0.15元/千瓦时。随着开发地区海拔上升，风电上网电价迅速上涨，海拔4500、5000米分别提高至0.38、0.44元/千瓦时。2050年，流域近区海拔4000米以下风电、光伏上网电价下降至0.24、0.14元/千瓦时，海拔4500、5000米风电上网电价分别为0.3、0.33元/千瓦时。光伏和低海拔风电较水电具备明显的电价竞争力，而随着风电技术进步及成本降低，远期海拔较高地区风电也将具备一定的经济性。

2030年，在新能源利用率不低于90%情况下，利用水电配套送出通道，西南水电可支撑风电、光伏电量规模分别为1220亿、2470亿千瓦时，水风光综合上网电价约0.35元/千瓦时，相比水电上网电价下降约13%。其中，澜沧江、乌江流域由于光伏和低海拔地区风电电量占比较高，水风光综合上网电价相对较低。扩建送出通道，考虑新能源利用率不低于90%，在送出通道平均利用小时数5500、6000小时情景下，西南水电可支撑新能源电量规模分别为6360亿、4770亿千瓦时。由于新能源电量占比提高，相比不扩建通道情景，水风光综合上网电价下降至0.33～0.34元/千瓦时，相比水电上网电价下降15%～18%。其中，金沙江、雅砻江、大渡河流域由于扩建通道电量效益突出，综合上网电价下降幅度较大。

近期西南水风光综合上网电价如表 4.17 所示，近期各流域水风光综合上网电价如图 4.14 所示。

表 4.17 近期西南水风光综合上网电价

情景设置		水风光电量比（水:风:光）	综合上网电价（元/千瓦时）
利用水电配套送出通道	新能源利用率≥90%	1:0.15:0.3	0.348
	新能源利用率≥70%	1:0.14:0.35	0.351
扩建送出通道	通道平均利用小时数≥6000 小时	1:0.20:0.38	0.342
	通道平均利用小时数≥5500 小时	1:0.25:0.53	0.330

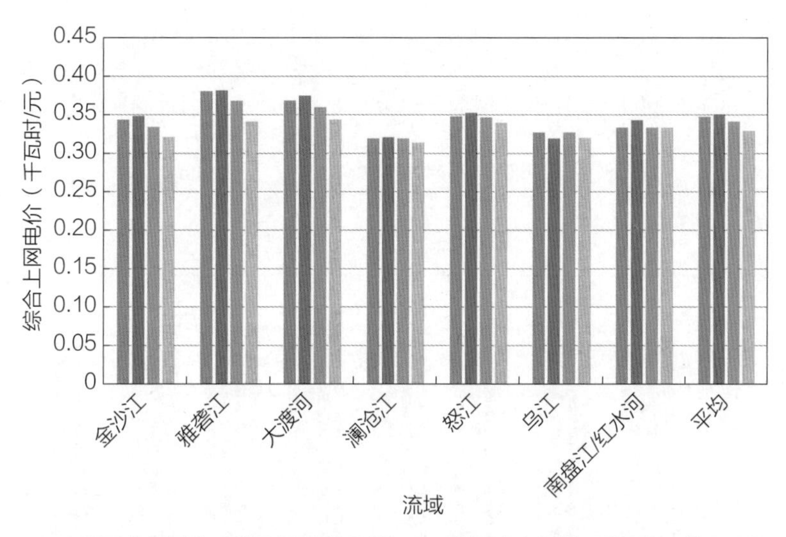

图 4.14 近期各流域水风光综合上网电价

2050 年，在新能源利用率不低于 90%情况下，利用水电配套送出通道，西南水电可支撑风电、光伏电量规模分别为 1510 亿、3010 亿千瓦时，水风光综合上网电价约 0.34 元/千瓦时，相比水电上网电价下降约 16%。其中，澜沧江、金沙江由于光伏电量占比较高，水风光综合上网电价相对较低。扩建送出通道，考虑新能源利用率不低于 90%，在送出通道平均利用小时数 5500、6000 小时情景下，西南水电可支撑新能源电量规模分别为 8040 亿、6440 亿千瓦时，水风光综合上网电价 0.31 ~ 0.32 元/千瓦时，相比水电上网电价下降 20% ~ 22%。其中，雅砻江、大渡河、怒江流域因扩建送出通道带来的综合上网电价降幅较大。

远期西南水风光综合上网电价如表 4.18 所示，远期各流域水风光综合上网电价如图 4.15 所示。

表 4.18 远期西南水风光综合上网电价

情景设置		水风光电量比（水:风:光）	综合上网电价（元/千瓦时）
利用水电配套送出通道	新能源利用率≥90%	1:0.15:0.3	0.336
	新能源利用率≥70%	1:0.15:0.35	0.339
扩建送出通道	通道平均利用小时数≥6000 小时	1:0.21:0.44	0.321
	通道平均利用小时数≥5500 小时	1:0.26:0.55	0.309

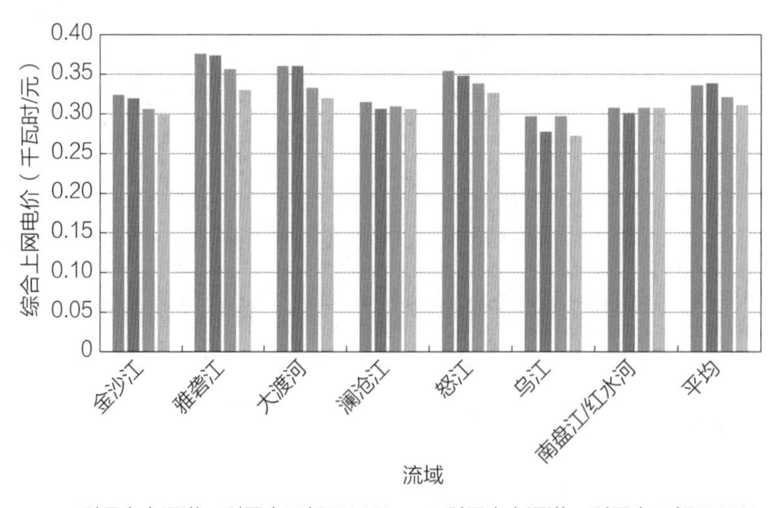

图 4.15 远期各流域水风光综合上网电价

3. 输电价测算

输电价取决于输电距离、输电容量、造价成本、通道利用小时数、电能损耗率等指标。

利用水电配套送出通道，可大幅提升通道利用小时数，降低输电价，如表 4.19 所示。在新能源利用率不低于 90%情况下，外送通道平均利用小时数将超过 6100 小时，相比只送水电情景，2030、2050 年外送通道利用小时数分别提高了 1850、1750 小时。对应当前西南水电配套外送通道，输电价下降 1.9～2.6 分/千瓦时，输电通道送电规模越大，搭配新能源后输电价下降幅度越大，±800 千伏特高压直流工程输电价下降可达 2.6 分/千瓦时。适当放宽新能源利用率至 70%，输电价会进一步下降，但由于通道利用小时数只上涨了 150 小时左右，输电价下降幅度很小，约 0.1 分/千瓦时以内。

表 4.19 利用水电配套送出通道情景下典型工程输电价变化

项目	通道增加电量（亿千瓦时）	纯送水电输电价（元/千瓦时）	水风光联合外送输电价（元/千瓦时）	输电价下降幅度（元/千瓦时）
±800 千伏/800 万千瓦	150	0.088	0.062	0.026
±500 千伏/300 万千瓦	56	0.066	0.047	0.019

扩建送出通道，对于不同的送电目标市场，考虑不同的输电技术方案，若输电通道利用小时数为 6000 小时，在输电距离 2500 千米情况下，±1100 千伏/1200 万千瓦、±1100 千伏/1000 万千瓦、±800 千伏/800 万千瓦输电价分别约为 0.06、0.06、0.07 元/千瓦时。随着通道平均利用小时数降低，输电价将有所上升，5500 小时情况下输电价将上浮 8%～9%，如图 4.16 所示。

4.3.2.2 电价竞争力分析

实施水风光协同开发、联合外送，可降低综合上网电价、摊薄水电配套送出通道的输电价，具有较强的电价竞争力。

利用水电配套送出通道，上网电价方面，在新能源利用率不低于 90%情况下，2030、

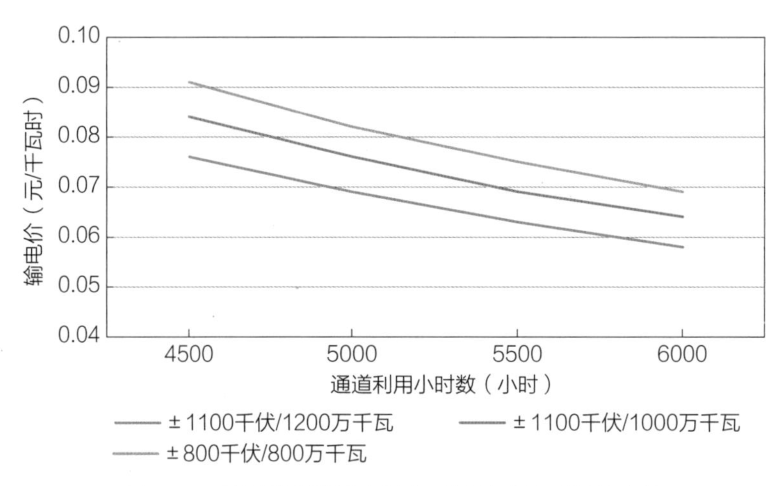

图 4.16 不同通道利用小时数下扩建直流工程输电价

2050 年西南水风光综合上网电价相比水电分别降低 0.05、0.06 元/千瓦时。输电价方面，不同类型外送通道的输电价可下降 0.02 ~ 0.03 元/千瓦时。西南水风光联合外送到网电价将比单纯输送水电下降 7 ~ 9 分/千瓦时，“西电东送”的经济效益将进一步提升。

扩建送出通道，受扩建通道规模差异影响，2050 年西南水风光综合上网电价为 0.31 ~ 0.32 元/千瓦时。在外送通道利用小时数 6000 小时下，到网电价 0.38 ~ 0.39 元/千瓦时；在外送通道利用小时数 5500 小时下，到网电价 0.37 ~ 0.38 元/千瓦时，略低于当前中东部、南方省份煤电基准电价（0.38 ~ 0.46 元/千瓦时）。考虑远期煤电灵活性改造、CCUS 改造、碳税等导致电价上涨的因素，西南水风光协同开发电价竞争力将更为显著。

4.4 小　结

以金沙江、乌江、怒江、雅砻江、大渡河、澜沧江、南盘江/红水河、雅鲁藏布江八大流域为开发重点，总装机规模可达 3.1 亿千瓦，预计 2050 年前基本开发完毕，总体调节性能较好，具备季调节及以上调节性能的水电装机占比达到 44%，远期八大流域干流龙头电站将全部具有年调节及以上性能。发挥西南水电灵活调节优势，充分利用水电配套送出通道，2030 年支撑新能源开发消纳规模可达 2.4 亿千瓦，2050 年可达 3.6 亿千瓦；

适当扩建送出通道可进一步提高新能源开发消纳规模，2030 年可达 3.2 亿～5.7 亿千瓦，2050 年可达 4.8 亿～9.1 亿千瓦。

实施水风光协同开发、联合外送，可降低综合上网电价和输电价，具有较强的电价竞争力。利用水电配套送出通道，2030、2050 年西南水风光综合上网电价相比水电分别降低 0.05、0.06 元/千瓦时，外送通道输电价比单送水电降低 0.02～0.03 元/千瓦时。到网电价降低 7～9 分/千瓦时。不同的送出通道扩建方案下，2050 年西南水风光综合上网电价为 0.31～0.32 元/千瓦时，到网电价 0.37～0.39 元/千瓦时，略低于当前中东部、南方省份煤电基准电价。

5

新型抽水蓄能与西部调水

西部调水是功在当代、利在千秋的大事业，必须以国家顶层发展战略和空间布局为基本考量。在已有的西部调水设想基础上，研究提出了基于新型抽水蓄能的调水新思路。基于新型抽水蓄能理念，以翔实的水文数据、高分辨率的卫星影像、数字高程模型等为基础，研究形成了可分期推进的西部调水工程新方案，并对其促进新能源开发的效益进行了测算。

5.1 基于新型抽水蓄能的调水新思路

5.1.1 研究背景与基础

我国正处于开启全面建设社会主义现代化国家新征程、向第二个百年奋斗目标进军的历史阶段，实现碳中和、实现可持续发展和高质量发展是新发展阶段的内在要求。我国当前水资源短缺依然严峻，能源结构调整任务艰巨，粮食产需不均矛盾突出，可持续发展面临水资源安全、能源安全、粮食安全等问题与挑战。

化解水资源安全风险重点是要解决西北缺水问题。西北地区气候干旱，降水稀少，蒸发旺盛，特殊的地理位置及气候条件决定了西北地区水资源短缺。西北地区的内陆河有相当一部分分布在地势高寒、自然条件较差的人烟稀少地区及无人区，而自然条件较好、人口稠密、经济发达的绿洲地区水资源量十分有限，且内陆河水资源主要以冰雪融水补给为主，径流年内分布高度集中，部分河流汛期陡涨，枯期断流，开发利用难度大。西北地区已成为我国水资源供需矛盾最为突出的地区。

化解能源安全风险关键是促进西部新能源规模化开发。我国的能源结构过度依赖化石能源尤其是进口油气资源，解决之道在于能源生产侧大力发展可再生能源，消费侧加快电能替代。西部地区风、光资源丰富，理论蕴藏量占全国80%以上，但风、光发电具有随机性和波动性，规模化开发受到电力系统调节能力制约。

化解粮食安全风险需要提升西部国土利用水平。西部地区国土面积占全国 60%以上，但仅提供了全国约 10%的耕地，且多为中低产田，质量较差。由于气候干旱、植被不良、不合理灌溉等原因，部分地区土壤盐渍化严重。提高西部耕地数量和质量是提升国家粮食安全水平的关键措施。

“水—能—粮”协同优化配置是新发展理念的必然要求。水、能源、粮食是人类社会发展的基础战略资源，三种资源相对独立但也相互关联，作为自然生态要素存在共生关系，当某种资源供给能力有限甚至已达到极限时，将引发可持续发展问题。同样，若突破其中之一的限制，将有助于系统性地解决问题。由于资源可再生、环境友好、零碳排放、零边际成本新能源的快速发展，“以能换水、以能产粮”有望突破能源极限，使得从系统视角开展“水—能—粮”协同治理将成为可能，为解决多种资源之间的供需矛盾问题提供新思路和新方法。

推动新能源与水资源协同发展，是我国实现可持续发展、解决资源配置问题的重要手段。化解安全风险最重要的是解决西部的水资源分布不均和新能源开发受限问题。西南地区水资源丰富，西北地区水资源匮乏，绝大部分地区降水量低于200毫米，需要通过跨流域调水实现水资源的优化配置，当前的水资源配置能力严重不足。西部地区的风光新能源技术开发潜力在千亿千瓦以上，但由于系统调节资源不够，消纳能力不足，基地化开发利用西部风光发电资源存在困难。能否在西部统筹解决上述两个难题，是实现我国可持续高质量发展的关键。

新中国成立以来，为解决西部水资源分布不均问题，社会各界对从西南到西北的跨流域调水开展了广泛研究。比较知名的、广为传播和讨论的西部调水设想有林一山西部调水构想、郭开“大西线”调水设想、陈传友藏水北调工程设想、王浩红旗河方案等，每个方案都各有特色。这些调水设想主要依据常规调水方式，以寻找自流路径为核心，利用高位水体自身的重力势能实现水的空间转移，这些方案对后续西部调水研究提供了重要借鉴。

专栏 5.1 现有西部调水设想介绍

1. 林一山西部调水构想

1995年，原长江水利委员会主任林一山在《瞭望》杂志上发表了《西部调水构想》，1998年7月提出《中国西部调水工程初步研究》，2001年出版了《中国西部南水北调工程》一书。设想总调水量约800亿立方米，其中自流约530亿立方米，提水约270亿立方米，如图5.1所示。

2. 郭开“大西线”调水设想

郭开“大西线”调水设想又称朔天运河调水设想或朔天运河大西线南水北调，从雅鲁藏布江调水入黄河，初始方案年调水量2006亿立方米，2004年调整后工程分三期进行。调水河流涉及雅鲁藏布江、怒江、澜沧江、金沙江、雅砻江、大渡河，入黄河贯曲。起点引水高程3588米，入黄高程3366米。

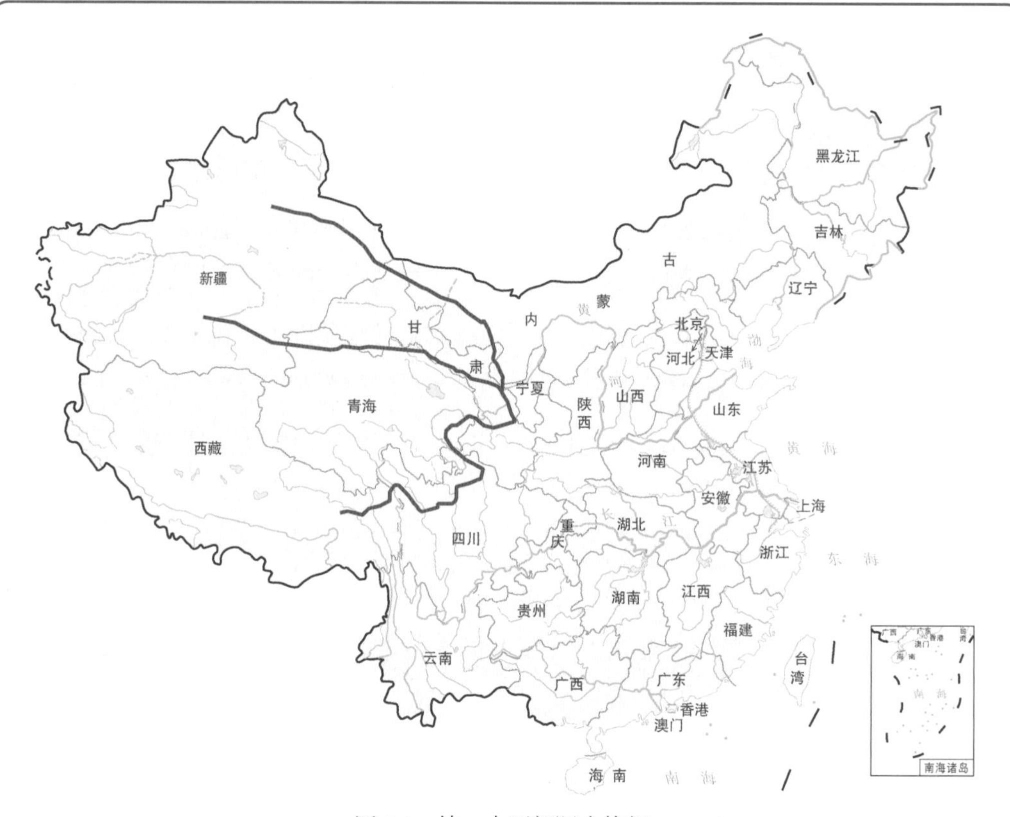

图 5.1 林一山西部调水构想

3. 陈传友藏水北调工程设想

藏水北调设想由中科院地理研究所、国家计委综考会研究员陈传友提出，其要点是在雅鲁藏布江雅鲁藏布大峡谷、黄河阿尼玛卿山大弯道裁弯取直，建立两座超大型水电站，然后利用此电能抽水。总调水量 435 亿立方米。调水起点高程 3670 米，入黄河的高程 4260 米。

4. 王浩红旗河方案

2017 年 11 月，以中国工程院院士、水文水资源学家王浩为专家组组长的 S4679 课题组发布了“红旗河”西部调水工程方案（见图 5.2）。该方案计划利用雅鲁藏布江、怒江、澜沧江、金沙江、雅砻江、大渡河等“五江一河”之水沿我国地势第一、二级阶梯过渡带调往新疆，实现“全程自流”，总长 6188 千米。预计年总调水量可达 600 亿立方米，占主要河流取水点总量的 21%，将在我国西北干旱区形成约 20 万平方千米的绿洲。

图 5.2 王浩红旗河方案

此外，还有李国安藏水北调设想、圣山取水方案、耿昌胜藏水入疆引水明渠调水方案等。

5.1.2 基于新型抽水蓄能的调水新思路

基于上述研究背景和研究基础，提出了基于新型抽水蓄能的西部调水新思路，一方面通过开发资源丰富且成本不断降低的新能源，为西部调水翻越崇山峻岭提供抽水动力，有效拓展调水路径方案的选择空间；另一方面通过在调水路径上建设水库和水电机组，为新能源更大规模开发利用提供充足的储能和灵活调节能力。

1. 新型抽水蓄能理念

新型抽水蓄能是结合跨流域调水的需要，在流域间建设一系列调蓄水库、水电机组和不同高程的短距离引水道，同时实现调水和储能的多功能抽水蓄能。常规抽水蓄能是将水作为介质实现电能存储与转化的典型工程，水在上水库和下水库之间就地循环抽发。新型抽水蓄能改变了常规抽水蓄能在同一组上、下水库间就地循环抽发的运行方式，既可“就地抽发”也可“异地抽发”；改变了常规调水水流方向由重力决定的特点，可由新能源驱动在不同高度间自由流动，翻越地形障碍。新型抽水蓄能是一种联结“水系统”与“电系统”的综合工程，具有调水和蓄能两个功能，实现了“水”与“电”两种资源的高效利用和协同优化。

新型抽水蓄能具有风光赋能、电水协同、抽发分离、运行灵活等四大特点。

风光赋能：以新能源为能量来源，为翻越地形障碍提供全新解决方案。新能源发电成本快速下降使大规模电泵提水具备经济可行性，打开调水工程研究的新视角。我国西南地区具有被一系列大江大河深深切割的高山深谷的特殊地貌，常规调水方式难以找到自流线路，只能依赖深埋长隧洞。基于新型抽水蓄能的调水工程为此类调水提供了全新的解决方案。

电水协同：以大规模水库群实现水的稳定配置和电的灵活调节两大功能。通过建设流域间的上水库群和下水库群，对来水量的变化以及新能源的随机性和波动性进行调节，同时满足受水端的水量需求和电力系统的储能需求。新型抽水蓄能在优化配置水资源的同时高效利用风光等清洁能源，实现了水资源系统和能源系统的协同优化。

抽发分离：可根据调水和储能需求，分别优化部署抽水端与发电端。可根据地形地貌情况，灵活选择取水点和受水点。抽水端综合考虑取水点的水文特性和新能源的出力特性，优化确定抽水机组规模，利用率一般较低；受水端根据用水和用电需求，实现发电机组的高效利用，利用率一般较高。

运行灵活：以灵活多样的运行方式适应新能源的波动性和水资源的时空不均衡性。抽水端采用可逆式水轮机，可根据需要采用“就地抽发”或“异地抽发”运行方式。丰水期以调水为主，新能源出力富余时满功率抽水；枯水期调水量较小，新能源出力富余时抽水，出力不足时将上水库的水量再放回原有河道，作为常规抽水蓄能发挥调节功能，保证取水河道的流量稳定和可持续。受水端的发电机组依托水库的调蓄能力，按需放水发电，满足用水和用电双重需求。

2. 基于新型抽水蓄能的调水工程构成

基于新型抽水蓄能理念的调水发展思路是：以新能源为动力，以新型抽水蓄能为枢纽，以引水渠为联络，构建电—水协同的“输—储”网络。依托新能源为水资源配置提供动能，依托抽水蓄能电站为新能源消纳提供储能，成为国家水网的蓄水池、新型电力系统的蓄电池，支撑水资源跨时空、大规模优化配置，支撑新能源基地化开发与高效利用，形成水网电网有机互动的“电—水”协同发展新格局。

基于新型抽水蓄能的调水工程可以同时满足跨流域调水和提供调节能力的双重要求，工程主要由提水、引水和发电三部分构成，如图 5.3 所示。

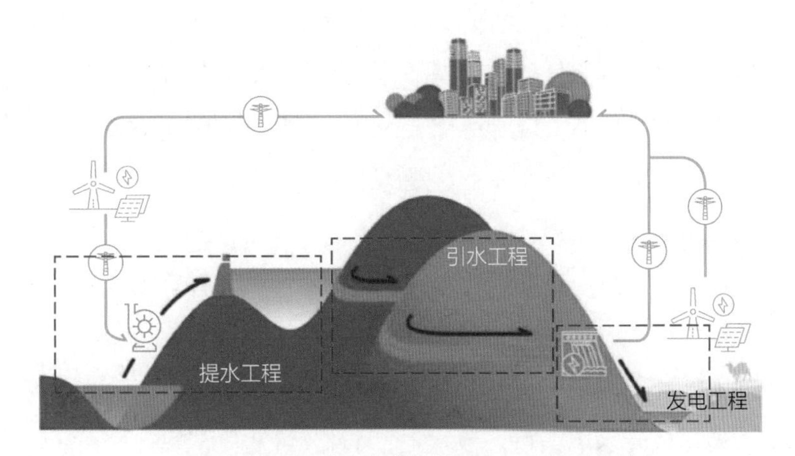

图 5.3　基于新型抽水蓄能的调水工程结构示意

提水工程主要包含调蓄水库、压力管道和可逆式水轮机组等，用新能源电力提水，实现障碍翻越和能量存储。常用的抽水蓄能机组在电力富余时吸收电能将下水库的水提升到上水库存储，在电力供应不足时再放水发电，实现电力系统的削峰填谷。调水工程采用的抽水机组也可以根据电力系统供需情况制定开机运行方式，在新能源大发时满功率抽水，在新能源出力不足时停机，配合水库的调节作用，能够在保证调水量的前提下，为系统提供灵活调节能力。采用可逆式水轮机，在枯期水源不足或管线停运检修等停止调水的情况下，取水点的抽水机组可以作为常规的抽水蓄能使用，为随机性、波动性强的新能源合理消纳提供新的方式和途径。

引水工程主要包含明渠、管道及隧洞等，将水从取水端输送至受水端。其中，自流段以明渠为主，提水段以压力管道为主。青藏高原东南部地区具有山脉被河流切割所形成的高山峡谷特殊地貌，提水段、自流段的设计可以避免常规调水依赖深埋长隧洞的问题。

发电工程包括水力发电机组等，利用水体势能发电回收能量，将随机波动的新能源电力转化为可调节的水电电力。利用电泵提升的水体，在实现输水的基础上，也赋予了水更多的势能，翻越分水岭等高大障碍后，在受水端还要降低高度后加以使用，在这个过程中充分利用水头进行发电，可以尽量回收能量，减少工程的总体能耗，相当于将取水端的水和电能共同输送到受水端。同时，受水端的水力发电可控可调节，能够更好地满足用电需求，也可以支撑当地一定规模新能源的开发和利用。

3. 基于新型抽水蓄能的调水运行方式

根据取水流域丰枯变化、新能源随机波动等情况，灵活采用**异地抽发**和**就地抽发**两种不同运行方式，在完成调水任务的前提下，为电力系统提供灵活调节能力。

丰水期主要完成调水任务，以异地抽发为主。丰水期新能源大发时，提水工程作为灵活负荷，从取水点抽水并存于水库；新能源出力下降时，根据系统需要减少或停止取水端提水，提高受水端发电出力。

枯水期以就地抽发为主。新能源大发时，从取水点抽水并存于水库；新能源出力下降时，提水工程停止提水，甚至切换为发电模式，将水放回取水流域。

基于新型抽水蓄能的调水工程在实现跨流域水配置的基础上，一方面将取水端的波动性新能源电力转化成受水端的可调节水电，同时还可发挥常规抽水蓄能功能提供灵活调节能力，实现跨流域调水与新能源开发利用的统筹协调和联合优化。基于新型抽水蓄能的调水工程将为加快实施国家水网重大工程、开发西部大型新能源基地、实现水资源在全国范围内优化配置和构建适应新能源占比逐渐提升的新型电力系统提供全新的技术手段。

5.1.3 新思路的优势

基于新型抽水蓄能的调水工程突破了常规调水工程的局限，同时契合新能源开发，在实现跨流域调水的同时支撑新能源的大规模开发和利用，实现了以风光换水、电水同输。

相比常规调水，技术制约少，可选方案更多。基于新型抽水蓄能的调水工程，将常规调水的大范围单一高程自流线路选择问题，变为多段自流路线选择，从原理上增加了一个自由度，可以通过建设多个提水段、自流段来翻越高山峡谷，大大提高工程的技术可行域，也增加了取水点和调水路径的选择范围，有效回避了常规调水常见的连续等高线绕行距离过长、地质脆弱地区深埋长隧洞建设施工难度大等工程难题。

工程规模可控，风险隐患少。基于新型抽水蓄能的调水工程，可选方案多，可以“化整为零”把巨型工程分解为多个中小型单体工程，既避免了常规调水单一超级工程施工难度大、投资高的问题，也大大降低了地质灾害等特殊情况下工程受损的程度和重新恢复运行的难度。特别是在青藏高原东南部地区，被大江大河深深切割的高山峡谷地形地貌特殊且地质灾害多发，基于新型抽水蓄能的调水工程相比常规调水工程韧性和安全性大幅提高。

电力储存和调节能力强，是构成新型电力系统的重要组成部分。工程的灵活调节能力包括三个方面，一是抽水用电负荷是一个可调节、可中断的灵活负荷，二是工程受水端的水电可调可控，三是取水端在非调水时段可转换为“就地抽发”的常规抽水蓄能。基于新型抽水蓄能的调水工程能够与随机波动性强的新能源有效匹配，为新型电力系统提供双向的灵活调节能力，为实现“碳达峰碳中和”战略目标和能源系统的清洁转型提供强力支撑。

5.2 西部调水新方案

新中国成立以来，社会各界对从西南到西北的跨流域调水开展了广泛研究，但这些方案往往依赖大量深埋长隧洞，工程建设难度大。基于新型抽水蓄能理念，收集整理了我国西南和西北地区的卫星影像、数字高程模型、水文数据、地形地质、交通路网等数字化信息，提出了自西南“五江一河”到西北黄河上游、河西走廊和新疆的西部调水新方案。根据各流域干支流水文和地势条件，方案充分利用已建和规划水电，设计跨流域调水通道。方案以新能源为动力来源，克服海拔高差实现水资源跨流域调配，兼顾西部水资源优化配置和新能源开发消纳。

5.2.1 调水通道总体规划

基于新型抽水蓄能的调水工程宜在同一方向上选择多个路径进行调水。“五江二河”上游地区海拔较高，地质条件复杂，施工难度大，且采取单一通道调水有工程规模过大的问题。以单一通道调水年调水量400亿立方米为例：引水通道方面，考虑到河流丰枯期及新能源发电的间歇性，调水通道最大流量将接近3000立方米/秒，按流速1.5米/秒计，山间明渠宽度将超过200米（深10米），隧洞直径近60米，目前尚无相关工程经验；抽水蓄能装机方面，以单段提水700米为例，抽水蓄能装机容量将达到2000万千瓦，地下厂房尺寸预计达2500米×55米×25米，无工程经验。因此，在“五江二河”各跨越段均适宜布置多条路径进行跨流域调水，每条路径的调水量控制在30亿~70亿立方米。

调水量方面，水源河流“五江一河”上游河段生态地位特殊、生态环境脆弱，调水应首先考虑保护调水河段及下游河段的生态系统结构与功能，维系良好生态。结合研究定位和计算要求，参考Tennant法对生态水量的要求以及调水工程案例，本研究采取的调水量比例控制在取水河段的20%~30%。具体到各个河流，雅鲁藏布江取水点在大拐弯及帕隆藏布、易贡藏布流域，年调水量124亿立方米，占取水点多年平均流量的21%，占雅鲁藏布江出境流量的8.9%；怒江取水点在热玉梯级至卡西梯级之间，年调水量76亿立方米，占取水点多年平均流量的28%，占怒江出境流量的12.7%；澜沧江取水点在卡贡梯级至里底梯级之间，年调水量47亿立方米，占取水点多年平均流量的20%，占澜沧江出境流量的7.4%；金沙江取水点在西绒梯级至阿海梯级之间，年调水量86亿立方米，占取水点多年平均流量的20%；雅砻江江取水点在仁青岭梯级至锦屏一级梯级之间，年调水量42亿立方米，占取水点多年平均流量的20%；大渡河取水点在下尔呷梯级至硬梁包梯级之间，年调水量25亿立方米，占取水点多年平均流量的16%。“五江一河”各流域年调水量如表5.1所示。

表5.1　“五江一河”各流域年调水量

项目	年调水量（亿立方米）	取水点多年平均径流量（亿立方米）	调水量占取水点径流量比	调水量占出境流量比
雅鲁藏布江	124	605	20%	8.90%
怒江	76	269	28%	12.70%
澜沧江	47	237	20%	7.40%
金沙江	86	427	20%	—
雅砻江	42	209	20%	—
大渡河	25	161	16%	—
总计	400	1908	21%	—

工程自“五江一河”取水，包含7个跨流域段和多个跨流域调水通道，跨越西藏、四川、青海、甘肃、新疆5省区，总调水量400亿立方米，惠及黄河中上游及西北诸省区。工程总览如图5.4所示。

图5.4 调水工程总览

西部调水工程建设必然要考虑到与西南水能资源开发之间的相互影响，调水通道方案充分考虑了“五江二河”流域上游已建和规划水电的情况，已建、规划水库作为每条调水通道的起点或终点。调水通道总览及其与干流主要水电的关系如图5.5所示。

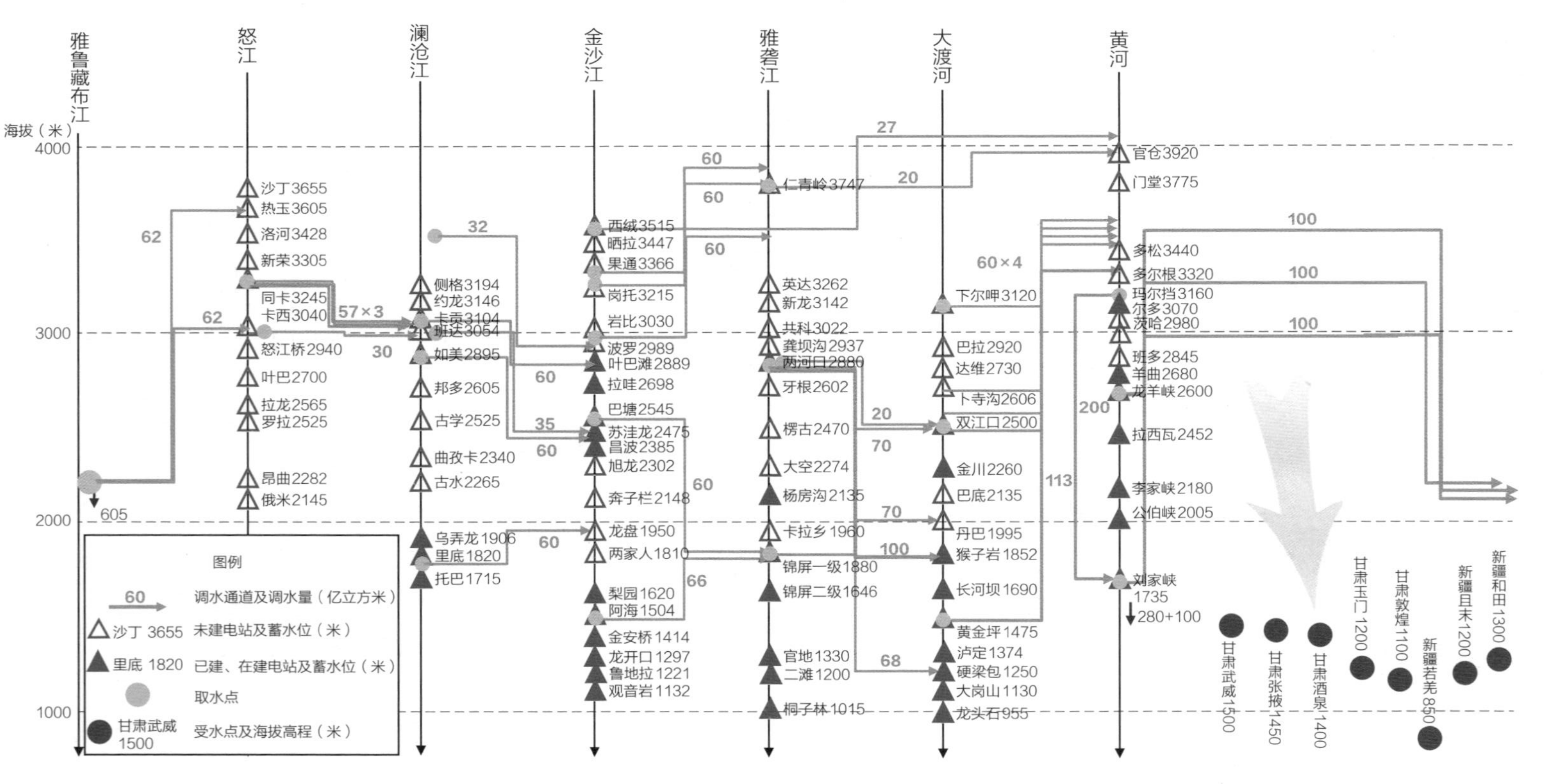

图 5.5 调水通道总览及其与干流主要水电的关系

西部调水工程相当于为电力系统配备了巨型的储能设施。基于清洁能源发电的波动性和来水的时空分布特性统筹优化电能和水势能的转换，可按照实际需求实现电能及水资源在时空上的重新分配和调控。利用工程抽水和发电两侧共同提供的调节能力，平抑清洁能源发电的随机波动性，优化工程的用电与发电特性，可以保证系统输出持续稳定可调节的电力。

结合新型抽水蓄能特有的灵活特性，研究过程中建立了考虑运行特性和约束的量化模型，参与电力系统生产模拟分析，利用混合整数规划方法对新型抽水蓄能、风、光发电系统的规模进行联合优化。选取调水方案中的 10 个通道分别进行测算，平均提水工程利用率在 0.21 ~ 0.23，按 0.22 即抽水利用小时数 1900 小时测算西部调水工程的装机规模。为满足供电负荷要求和供水负荷要求，放水发电段的水力发电利用小时数设定为 5500 小时（利用率 0.63）。

5.2.2 调水通道方案

工程以雅鲁藏布江为起点，自“五江一河”取水，年调水量 400 亿立方米，包含 7 个跨流域段的 35 个调水通道，全长 1.1 万千米，每个调水通道由多个提水段和自流段组成，跨越西藏、云南、四川、青海、甘肃、新疆 6 省区，最远到达新疆和田。

1. 雅鲁藏布江—怒江调水通道

雅鲁藏布江—怒江跨流域调水规模为 124 亿立方米，综合考虑单通道调水规模，考虑设计向北和向东 2 条通道。结合取水点的水量和高程条件、受水点的高程和 2 个流域分水岭近区地形地貌特点，考虑北通道（YN1）取水点为帕隆藏布最大支流易贡藏布的易贡湖，受水点为怒江干流的热玉水电站水库；东通道（YN2）取水点为帕隆藏布干流古乡湖，受水点为怒江干流卡西水电站水库。2 个通道及其取、受水点示意如图 5.6 所示。

通道全长约 420 千米，共计建设 20 个水库，总库容 51 亿立方米。总提水装机容量 5850 万千瓦，总发电装机容量 1130 万千瓦，年总耗电量 1110 亿千瓦时，总发电量 620 亿千瓦时，蓄能效率 56%，主要原因是工程受水点海拔（约 3320 米）高于取水点（约 2390 米）。

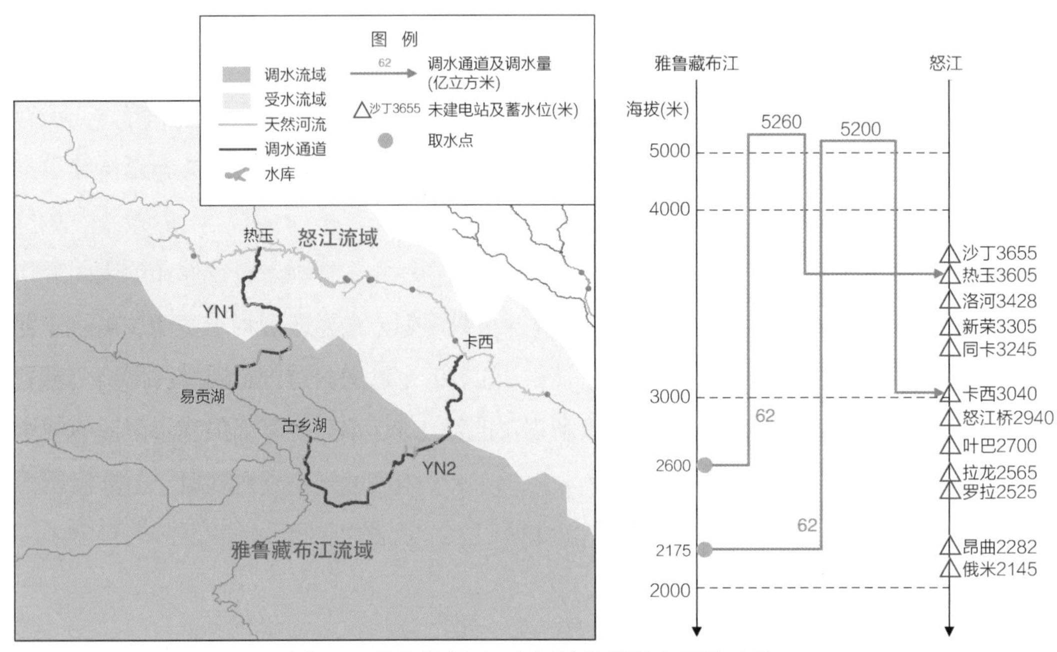

图 5.6 雅鲁藏布江—怒江跨流域调水通道示意

2. 怒江—澜沧江调水通道

怒江—澜沧江跨流域调水规模为 200 亿立方米，综合考虑单通道调水规模，考虑设计 4 条通道。结合取水点的水量和高程条件、受水点的高程和 2 个流域分水岭近区地形地貌特点，考虑怒江—澜沧江东向通道（NL1、NL2、NL3）和北向通道（NL4）。其中，NL1 取水点为昌都市八宿县同卡水库，受水点为澜沧江卡贡水库；NL2 和 NL3 取水点为昌都市八宿县卡西水库，受水点为澜沧江卡贡水库；NL4 取水点为怒江支流玉曲，位于西藏昌都市左贡县金达村，受水点为澜沧江班达水库。NL1、NL2、NL3 三个通道合计调水 170 亿立方米，NL4 通道调水 30 亿立方米，4 个通道及其取、受水点示意如图 5.7 所示。

通道全长约 370 千米，共计建设 12 个水库，总库容 33 亿立方米。总提水装机容量 4910 万千瓦，总发电装机容量 1470 万千瓦，年总耗电量 930 亿千瓦时，总发电量 810 亿千瓦时，蓄能效率 87%。

3. 澜沧江—金沙江调水通道

澜沧江—金沙江跨流域调水规模共计 247 亿立方米，其中雅鲁藏布江 124 亿立方米，怒江 76 亿立方米，澜沧江 47 亿立方米。考虑单通道调水规模，设计 5 条通道。结合取水点的水量和高程条件、受水点的高程和 2 个流域分水岭近区地形地貌特点，考虑 LJ1

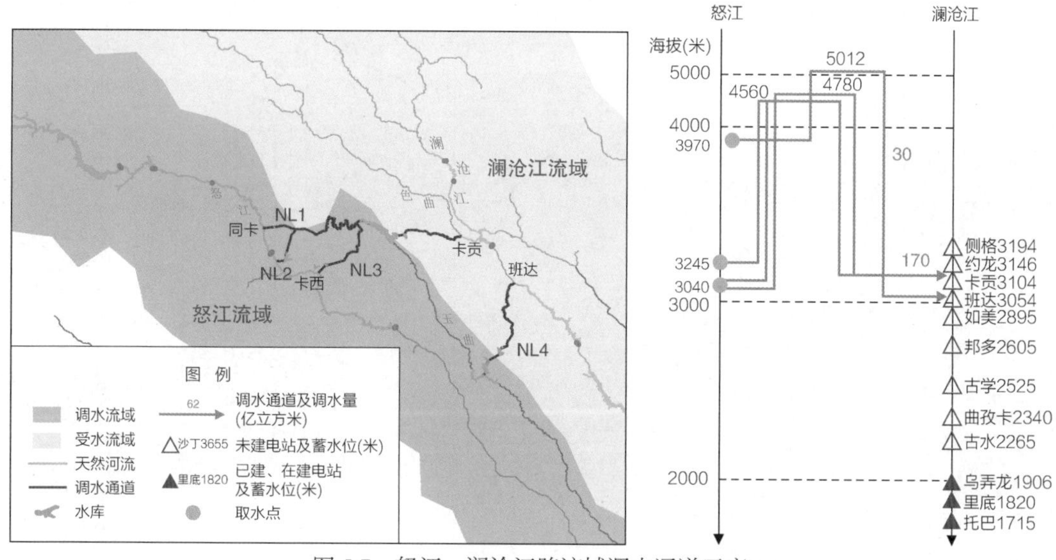

图 5.7 怒江—澜沧江跨流域调水通道示意

通道取水点为澜沧江支流盖曲，受水点为金沙江干流的波罗水电站水库；LJ2 通道取水点为澜沧江干流的卡贡水电站水库，受水点为金沙江干流的叶巴滩水电站水库；LJ3 通道取水点为澜沧江支流麦曲，受水点为金沙江干流苏洼龙水电站水库；LJ4 通道取水点为澜沧江干流的如美水电站水库，受水点为金沙江干流的苏洼龙水电站水库；LJ5 通道取水点为澜沧江干流里底水电站水库，受水点为金沙江干流龙盘水电站水库。5 个通道及其取、受水点示意如图 5.8 所示。

通道全长 620 千米，共计建设 29 个水库，总库容 64 亿立方米。总提水装机容量 4420 万千瓦，总发电装机容量 1740 万千瓦，年总耗电量 840 亿千瓦时，总发电量 960 亿千瓦时，蓄能效率 114%，主要原因是受水点海拔（约 2520 米）低于取水点（约 2770 米）。

4. 金沙江—雅砻江调水通道

金沙江—雅砻江跨流域调水规模为 339 亿立方米，综合考虑单通道调水规模，考虑设计北、中、南共 5 条通道。结合取水点的水量和高程条件、受水点的高程和 2 个流域分水岭近区地形地貌特点，考虑北通道（JY1 和 JY2）取水点为甘孜州德格县附近俄南水电站水库，受水点为雅砻江支流通把河；中通道（JY3 和 JY4）取水点为甘孜州巴塘县附近规划电站（巴塘）水库，受水点为雅砻江支流理塘河；南通道（JY5）取水点为云南省丽江市宁蒗彝族自治县拉伯乡附近规划电站（阿海）水库，受水点为雅砻江锦屏一级水电站水库。3 个通道及其取、受水点示意如图 5.9 所示。

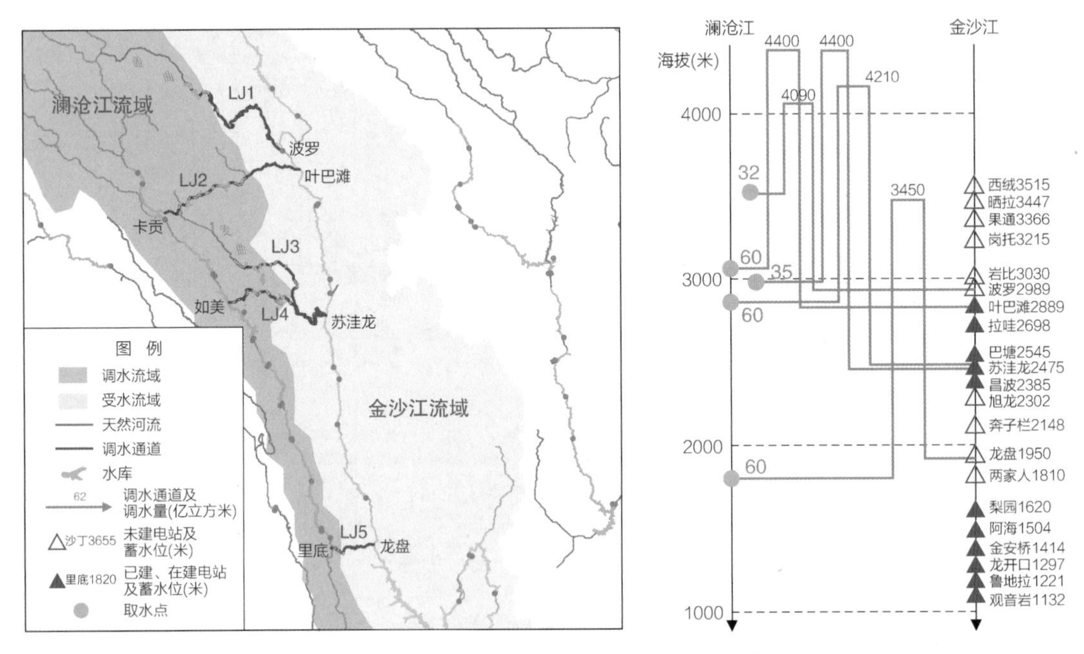

图 5.8 澜沧江—金沙江跨流域调水通道示意

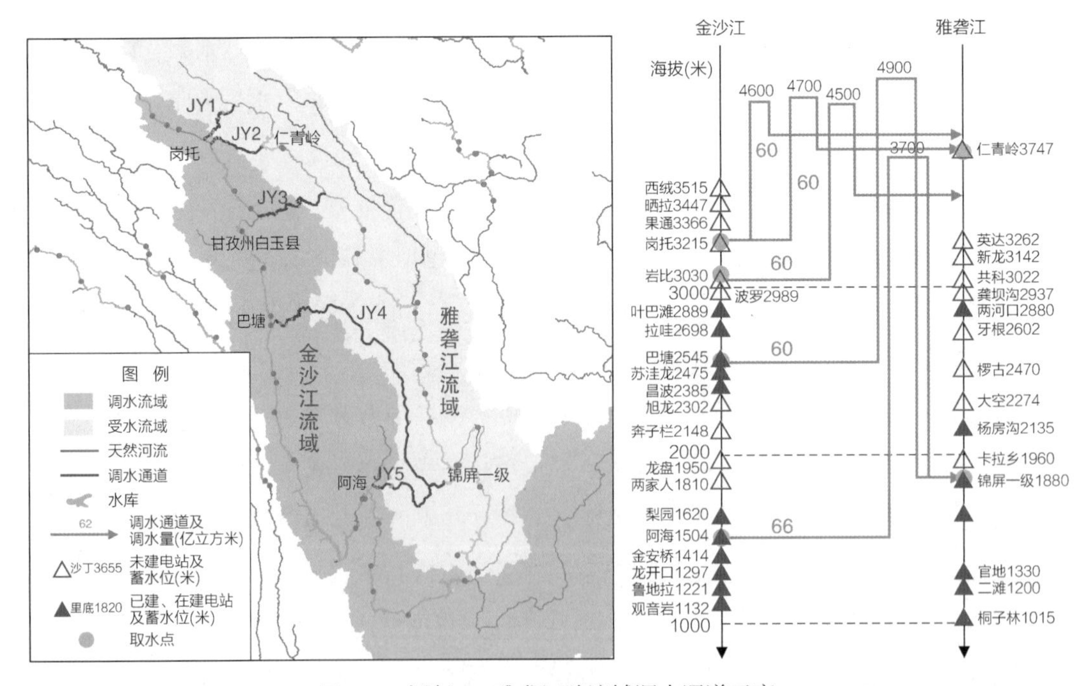

图 5.9 金沙江—雅砻江跨流域调水通道示意

通道全长约 600 千米，共计建设 37 个水库，总库容 22 亿立方米，总提水装机容量 8050 万千瓦，总发电装机容量 2000 万千瓦，年总耗电量 1530 亿千瓦时，总发电量 1100 亿千瓦时，蓄能效率 72%，主要原因是受水点海拔（约 3000 米）高于取水点（约 2700 米）。

5. 雅砻江—大渡河调水通道

雅砻江—大渡河跨流域调水规模为 328 亿立方米，综合考虑单通道调水规模，考虑设计北部 2 条、中部 3 条和南部 1 条共 6 条通道。结合取水点的水量和高程条件、受水点的高程和 2 个流域分水岭近区地形地貌特点，考虑北部通道一（YD1）取水点为鲜水河支流泥河的甘孜县克果乡格则村段，受水点为大渡河支流色曲上游段；北部通道二（YD2）取水点为达曲河下游加斗村附近建设的水库，受水点为大渡河支流色曲下游；中部通道一（YD3）取水点为阿拉沟汇入鲜水河处，受水点为大渡河支流俄日沟上游段；中部通道二（YD4）取水点为鲜水河道上道孚县览村段，受水点为大渡河支流勒斯扎河；中部通道三（YD5）取水点为鲜水河汇入雅砻江干流处的两江口水库，受水点为大渡河支流东谷河上游段；南部通道（YD6）取水点为九龙河汇入雅砻江干流处的水库，受水点为大渡河干流下游段。6 个通道及其取、受水点示意如图 5.10 所示。

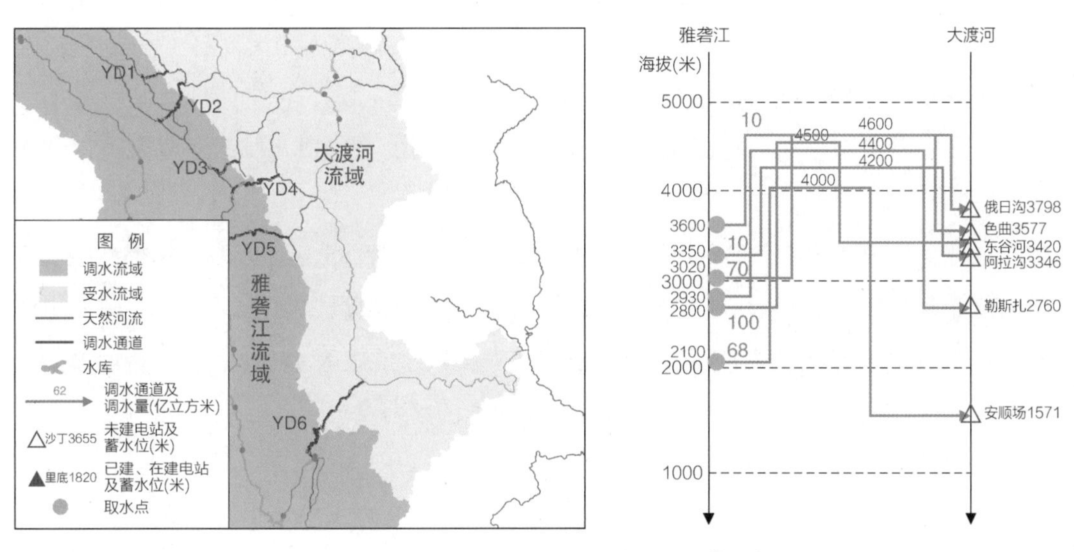

图 5.10 雅砻江—大渡河跨流域调水通道示意

通道全长约 410 千米，共计建设 37 个水库，总库容 14 亿立方米。总提水装机容量 8290 万千瓦，总发电装机容量 3220 万千瓦，年总耗电量 1570 亿千瓦时，总发电量 1780 亿千瓦时，蓄能效率 113%，主要原因是受水点海拔（约 2500 米）低于取水点（约 2700 米）。

6. 长江—黄河、黄河上游调水通道

长江流域—黄河流域跨流域调水规模为 400 亿立方米，综合考虑单通道调水规模，考虑设计 7 条通道。结合取水点的水量和高程条件、受水点的高程和 2 个流域分水岭近区地形地貌特点，考虑大渡河—黄河北向通道（DH1－DH5）、金沙江—黄河（JH1）、雅砻江—黄河（YH1）。其中，DH1 取水点为四川省阿坝县下尔呷水库；DH2、DH3 取水点为四川省马尔康县卜寺沟水库；DH4 取水点为四川省马尔康县新建拦水坝；DH5 取水点为四川省康定县东侧水库；JH1 取水点为青海玉树通天河西绒水库；YH1 取水点为青海德格县三岔河仁青岭水库。DH1－DH4 四个通道分别调水 60 亿立方米，DH5 通道调水 113 亿立方米，JH1 通道调水 27 亿立方米，YH1 通道调水 20 亿立方米。

长江—黄河 7 条调水工程入水点分布在从玛多县至玛曲县约 700 千米长的黄河上游河道，此段河道平均年径流量不超过 150 亿立方米，注入水量可能对当地产生较大影响。因此，考虑开通从玛曲县至刘家峡的人工河道，调水 200 亿立方米，分担自然河道的压力。结合取水点的水量和高程条件、受水点的高程和当地地形地貌特点，考虑取水点为玛尔挡水电站（取水 200 亿立方米），分别注入莫曲沟、隆务河和大夏河 3 条黄河支流，进入李家峡、公伯峡和刘家峡水库。

长江—黄河调水通道及黄河上游跨流域段共计 10 个通道及其取、受水点示意如图 5.11 所示。

通道全长约 2450 千米，共计建设 90 个水库，总库容 95 亿立方米。总提水装机容量 19910 万千瓦，总发电装机容量 5000 万千瓦，年总耗电量 3780 亿千瓦时，总发电量 2750 亿千瓦时，蓄能效率 73%。其中，长江—黄河段蓄能效率 46%，黄河上游段蓄能效率 133%，充分利用了玛曲县至刘家峡的人工河道的落差发电。

7. 黄河—新疆调水通道

黄河—新疆跨流域调水规模为 300 亿立方米，综合考虑单通道调水规模，考虑设计 3 条通道。结合取水点的水量和高程条件、受水点的高程和 2 个流域分水岭近区地形地貌特点，考虑黄河—敦煌通道（HX1）取水点为甘肃永靖县刘家峡水库，受水点

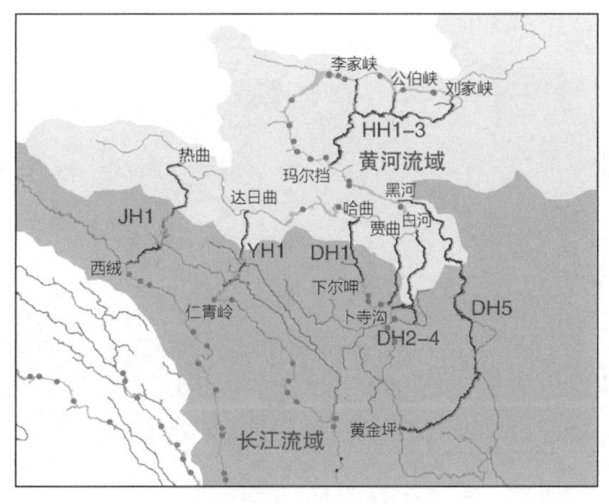

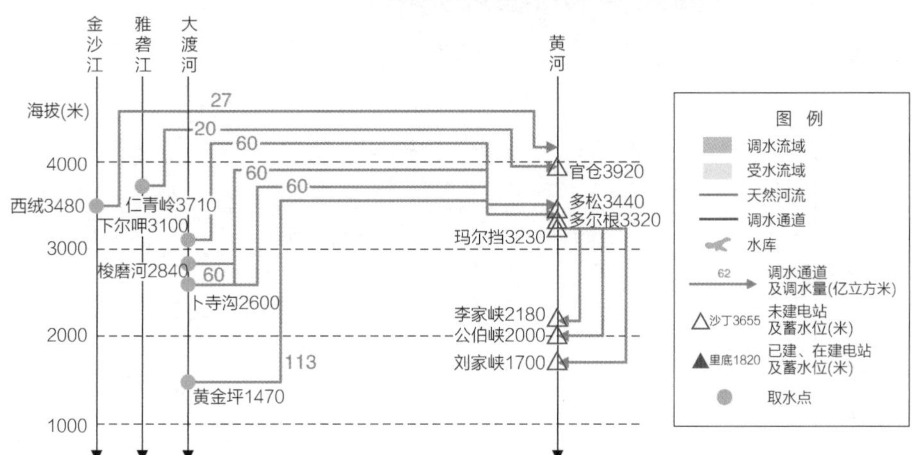

图 5.11 长江—黄河跨流域调水示意

为敦煌党河水库；黄河—若羌通道（HX2）取水点为青海省海南藏族自治州龙羊峡水库，受水点为新疆巴音郭楞蒙古自治州若羌县；黄河—和田通道（HX3）取水点为青海省海南藏族自治州龙羊峡水库，受水点为新疆和田地区。3 个通道及其取、受水点示意如图 5.12 所示。

通道全长约 6390 千米，共计建设 46 个水库，总库容 50 亿立方米。总提水装机容量 13450 万千瓦，总发电装机容量 5200 万千瓦，年总耗电量 2560 亿千瓦时，总发电量 2860 亿千瓦时，蓄能效率 112%，主要原因是受水点海拔（约 1270 米）低于取水点（约 2310 米）。

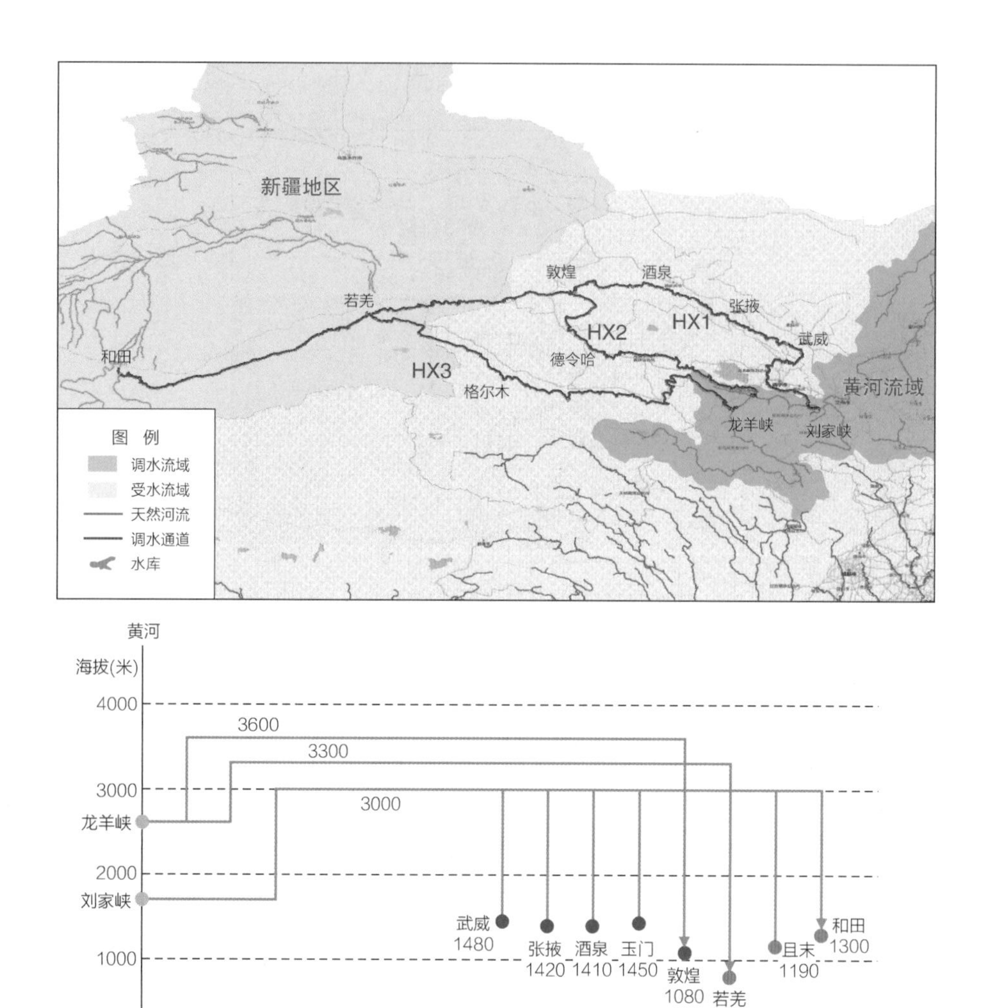

图 5.12 黄河—新疆跨流域调水示意

5.2.3 工程技术可行性分析

工程相关设施主要包括隧洞、压力管道、明渠、水库和抽水蓄能电站、水力发电站等。“五江二河”跨越段以压力管道、水库、明渠等组成的新型抽水蓄能为主，黄河—新疆段则主要以沿祁连山、昆仑山的明渠为主。

隧洞方面，方案共需修建隧洞 56 条，长度共计约 600 千米，单条隧洞最长约 20 千米，埋深不超过 300 米，无深埋长隧洞。以单条通道年输水量 30 亿 ~ 60 亿立方米，流速 1.5 米/秒计，隧洞直径 11～15 米。与当前典型水利工程的隧洞相比（见表 5.2 和表 5.3），长度、洞径均小于当前最大规模，具备可行性。

表 5.2　典型水利工程隧洞直径

项目	白鹤滩泄洪隧洞	小浪底并列 16 条隧洞	南水北调穿黄工程
洞径（米）	20	14.5	7

表 5.3　典型水利工程隧洞长度

项目	辽宁大伙房输水隧洞	引汉济渭穿秦岭隧洞	滇中引水昆玉隧洞
长度（千米）	85.3	81.6	104.6

压力管道方面，方案提水段、跨越河沟段以压力管道为主，长度共计 1010 千米。以单条通道年输水量 30 亿～60 亿立方米，流速 5 米/秒计，需直径 3.4～4.8 米的压力管道 3 条。以当前在建的滇中引水工程为例，观音山段采用 3 条并行的单管直径 4.2 米的压力管道，与本工程方案相当。

明渠方面，方案自流段以沿山体等高线的明渠为主，长度共计约 9660 千米。以单条通道年输水量 30 亿～60 亿立方米，流速 1.5 米/秒计，明渠渠顶宽 18～25 米，渠底宽 16～23 米，深 6.5 米，宽度与 318 国道路基最宽处相当。

水库大坝方面，方案新建水库 270 座，总库容 330 亿立方米。大坝高度多在 150 米以下，最大不超过 250 米，不存在技术障碍。

工程方案不存在超级水库、超高扬水、超长隧洞等单体超级工程，没有明显技术障碍，具备可行性。

5.2.4　工程规模与投资测算

1. 测算参数

对于异地抽发的新型抽水蓄能，调水为主要任务，考虑用水持续性、高海拔封冻、耗能和投资经济性等因素，提水装机规模一般大于发电，而设备利用率则小于发电。本研究所采用的抽水蓄能主要技术参数如表 5.4 所示，根据模型计算优化，提水设备利用小时数设定为 1900 小时，水力发电利用小时数则设定为 5500 小时。

表 5.4 新型抽水蓄能工程主要技术参数

提水效率	发电效率	提水利用率	提水利用小时数（小时）	水力发电利用率	水力发电利用小时数（小时）
0.85	0.95	0.217	1900	0.628	5500

引水工程方面，参考相关水利工程、抽蓄电站工程压力管道、引水工程等的单项投资测算，30 亿立方米/年的隧洞、穿山压力管道、明渠单位造价分别设定为 1.4 亿元/千米、1.6 亿元/千米、4000 万元/千米。

抽水蓄能电站方面，根据国家能源局披露的抽水蓄能在建项目数据，抽水蓄能电站平均单位装机投资约 6140 元/千瓦。考虑到抽水蓄能的引水工程投资已在压力管道部分计列，提水工程投资主要包括水库和机组，按 5100 元/千瓦考虑。

水力发电站方面，径流式引水发电工程主要由进水口、压力隧洞、厂房和机电设备组成，考虑到引水工程投资已在压力管道部分计列，径流式引水水电投资按 1000 元/千瓦考虑，坝式引水水电投资按 3000 元/千瓦考虑。

考虑到大部分工程位于高海拔地区，需根据工程的海拔对造价进行修正。高海拔施工需要考虑施工人员的高原反应、防寒保暖等问题，结合高寒地区施工经验，每年施工时间按 8 个月考虑。参考川藏联网工程（平均海拔在 3850 米，最高海拔 4980 米）、青藏铁路工程（平均海拔 4000 米以上）等高原工程的经验，对高原工程造价进行修正，如表 5.5 所示。

表 5.5 高原工程造价修正系数

海拔	4000 米以上	3000～4000 米	2000～3000 米	2000 米以下
修正系数	1.6	1.4	1.2	1

2. 测算结果

调水工程由提水工程、引水工程和发电工程三部分组成。其中，引水工程总长度约 11270 千米，方案自流段以沿山体等高线的明渠为主，占比超过 80%，明渠渠顶宽 18～25 米，渠底宽 16～23 米，深度不超过 6.5 米；需修建隧洞 56 条，长度共计约 600 千米，直径 11～15 米，单条最长隧洞 20.5 千米，无深埋长隧洞；压力管道长度 1010 千米，直径 3.4 ~ 4.8 米。新建水库 270 座，总库容 330 亿立方米，大坝高度多在 150 米以下，最大不超过 250 米。提水工程建设抽蓄装机容量 6.5 亿千瓦，发电工程建设水电机组 1.9 亿千瓦。工程年用电 1.2 万亿千瓦时，年发电 1.1 万亿千瓦时，耗电 1700 亿千瓦时，等效的储能效率 86%，超过常规抽水蓄能。各段工程规模统计如表 5.6 所示。

表 5.6 工程规模统计表

序号	名称	年流量（亿立方米）	库容（亿立方米）	调节系数	引水工程（千米）		
					隧洞	压力管道	明渠
1	雅鲁藏布江—怒江	124	51.3	0.21	116	85	220
2	怒江—澜沧江	200	32.8	0.08	10	76	288
3	澜沧江—金沙江	247	63.7	0.12	27	127	465
4	金沙江—雅砻江	306	22.5	0.12	52	94	453
5	雅砻江—大渡河	328	14.0	0.02	24	94	295
6	长江—黄河	400	95.2	0.26	228	348	1875
7	黄河—新疆	300	50.0	0.08	140	187	6066
	合计	—	329.5	—	597	1011	9662
序号	名称	提水装机容量（万千瓦）	耗电量（亿千瓦时）	发电装机容量（万千瓦）	发电量（亿千瓦时）	能耗（亿千瓦时）	
1	雅鲁藏布江—怒江	5845	1111	1129	621	490	
2	怒江—澜沧江	4912	933	1464	806	128	
3	澜沧江—金沙江	4419	840	1726	949	–110	
4	金沙江—雅砻江	8057	1531	1977	1088	443	
5	雅砻江—大渡河	8286	1574	3229	1776	–202	
6	长江—黄河	19910	3783	4942	2719	1064	
7	黄河—新疆	13448	2555	4757	2617	–62	
	合计	64877	12327	19224	10576	1751	

按照调水需求，结合路径方案，调水工程将在通道沿线建设一批新型抽水蓄能电站和水力发电站。根据通道布局，抽水蓄能方面，西南占比 70%，西北占比 30%；水电方面，西南占比 60%，西北占比 40%。新建新型抽水蓄能和水电的布局如图 5.13 所示。

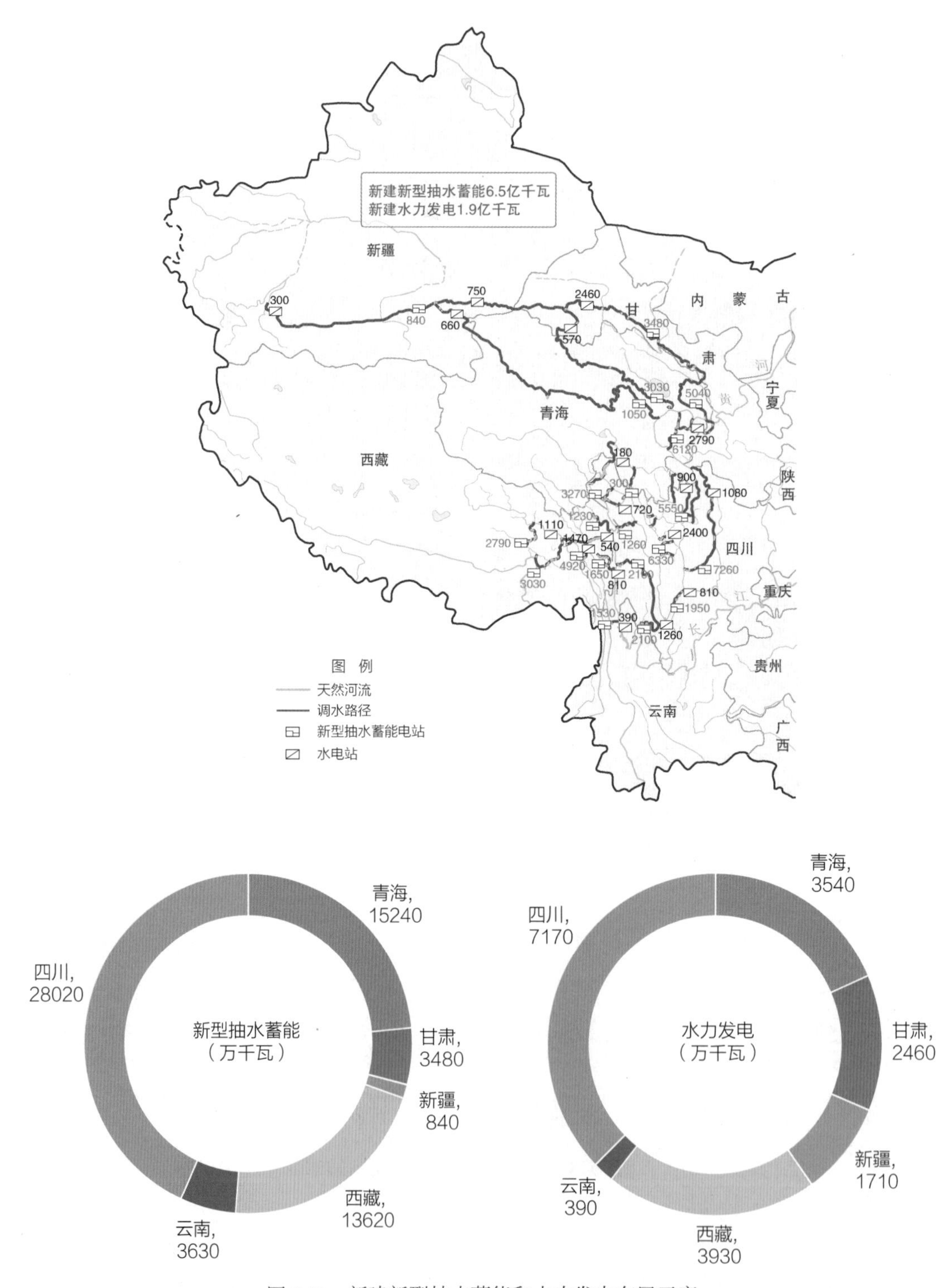

图 5.13 新建新型抽水蓄能和水力发电布局示意

参考现有抽水蓄能工程、调水工程的单位投资水平，结合高原造价修正，对工程方案投资进行了测算，工程总投资 6.6 万亿元，各段投资水平如表 5.7 所示。

从跨流域段来看，长江—黄河段投资最高，约 1.9 万亿元，占总投资约 30%。

从工程类型来看，提水工程投资 4.5 万亿元，占比 68%，全部引水工程仅占四分之一左右。扣除同等容量的抽水蓄能和水电投资后（按照常规抽水蓄能和水电单价），工程的调水投资为 2.5 万亿元。按照工程 50 年运行测算，5%收益率的调水成本为 3.5 元/立方米。

表 5.7 工程投资测算表 单位：亿元

序号	名称	引水工程			提水工程	发电工程	合计
		隧洞	压力管道	明渠			
1	雅鲁藏布江—怒江	347	380	197	4263	311	5498
2	怒江—澜沧江	28	339	227	3871	205	4670
3	澜沧江—金沙江	75	522	359	3185	392	4533
4	金沙江—雅砻江	161	421	400	5875	492	7349
5	雅砻江—大渡河	73	372	233	6116	695	7489
6	长江—黄河	704	1431	1562	13352	1941	18990
7	黄河—新疆	502	994	6119	8463	1615	17693
	合计	1890	4459	9099	45125	5651	66222

5.2.5 工程建设时序

按统筹规划、分段实施、水量衔接、逐期获益、合理投资的原则，工程分四期建设。“十四五”开始前期工作，“十五五”期间开工，至 2050 年全部建成，总工期约 30 年。工程每完成一条通道即可取得该段通道的效益，无须等待全线完工。

结合目前南水北调西线工程论证情况，建议首期工程率先开展长江—黄河部分通道的建设，调水量 80 亿立方米。二期工程加快长江—黄河调水通道建设，初步形成长江—黄河跨流域水网；同步开展澜沧江—长江流域通道建设，做好水量衔接。三期工程继续向两端延伸，开工建设怒江—澜沧江流域通道，以及黄河—河西走廊通道。四期工程重点建设黄河—新疆通道和雅鲁藏布江—怒江通道，2050 年工程全面竣工，如图 5.14 所示。

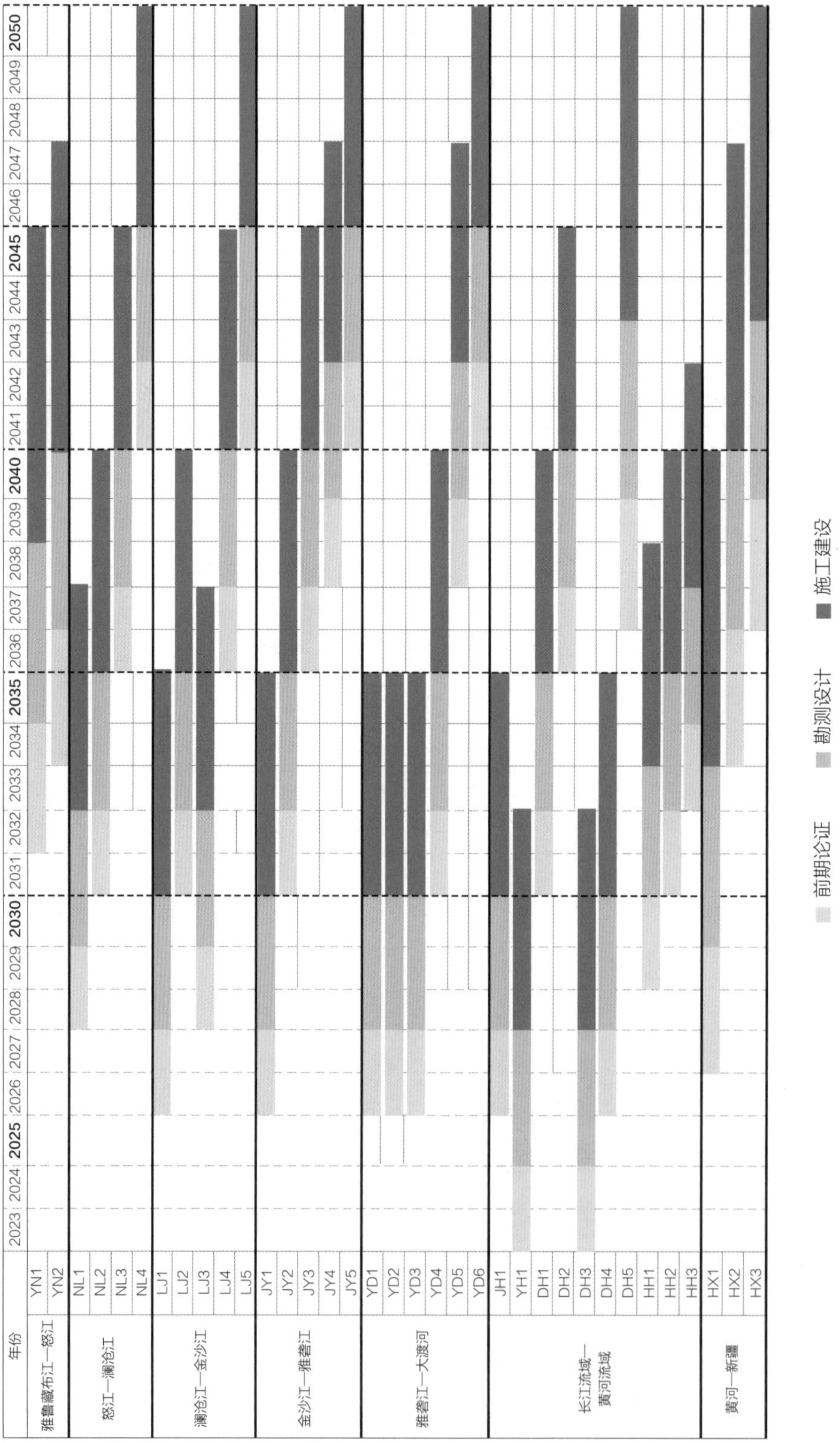

年份 2023 2024 2025 2026 2027 2028 2029 2030 2031 2032 2033 2034 2035 2036 2037 2038 2039 2040 2041 2042 2043 2044 2045 2046 2047 2048 2049 2050

雅鲁藏布江—怒江 YN1 YN2

怒江—澜沧江 NL1 NL2 NL3 NL4

澜沧江—金沙江 LJ1 LJ2 LJ3 LJ4 LJ5

金沙江—雅砻江 JY1 JY2 JY3 JY4 JY5

雅砻江—大渡河 YD1 YD2 YD3 YD4 YD5 YD6

长江流域—黄河流域 JH1 YH1 DH1 DH2 DH3 DH4 DH5 HH1 HH2 HH3

黄河—新疆 HX1 HX2 HX3

前期论证 勘测设计 施工建设

图 5.14 工程建设时序构想

工程投资将主要集中在 2030—2050 年，即二、三、四期工程建设期间，投资高峰出现在 2040 年左右，主要用于推进雅鲁藏布江—怒江和黄河—新疆调水通道的建设，如图 5.15 所示。工程年投资金额在 4000 亿元以内，约为目前我国水利和水电工程年投资总额的 50%。

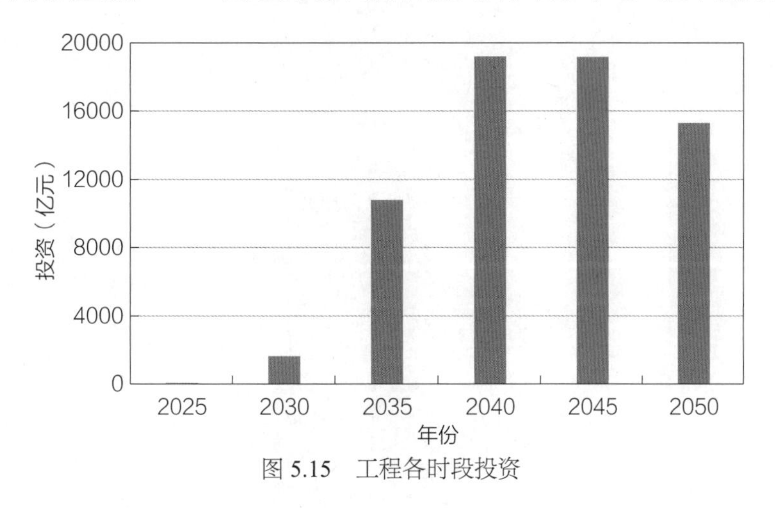

图 5.15　工程各时段投资

5.3　新型抽水蓄能促进新能源开发

以新能源开发和水资源调配为突破口，统筹解决“水—能—粮”安全问题，事关中华民族伟大复兴和永续发展。实施基于新型抽水蓄能的西部调水新方案能够有效消化工程施工产能、带动有效投资，拓展国家发展空间和战略纵深，优化我国向西开发的地缘政治格局，重塑西北地区生态环境，促进能源低碳转型，具有显著的社会、经济、环境效益。

为风光新能源大规模开发消纳提供新途径。利用风、光等新能源满足西部调水工程向上扬水抽水所需要的大量电力，可促进西部新能源富余电量消纳，减少弃光、弃风。提水工程每年耗电 1.2 万亿千瓦时，大约相当于 5.5 亿千瓦风电或 10 亿千瓦光伏机组的年发电量，为西部资源富集地区新能源大规模开发提供消纳途径。

提升新型电力系统的灵活调节能力。工程建设抽水蓄能装机容量 6.5 亿千瓦，水电装机容量 2 亿千瓦。经测算，可为系统提供超过 6.5 亿千瓦常规抽水蓄能（或新型储能）的调节能力，满足 15 亿～20 亿千瓦风光新能源灵活调节要求。随机波动的风光新能源发电通过与新型抽水蓄能打捆调节后，可以为当地供电或远距离外送，安全性、稳定性和设备利用率均可达到较高水平。逐小时生产模拟分析结果如图 5.16 所示。

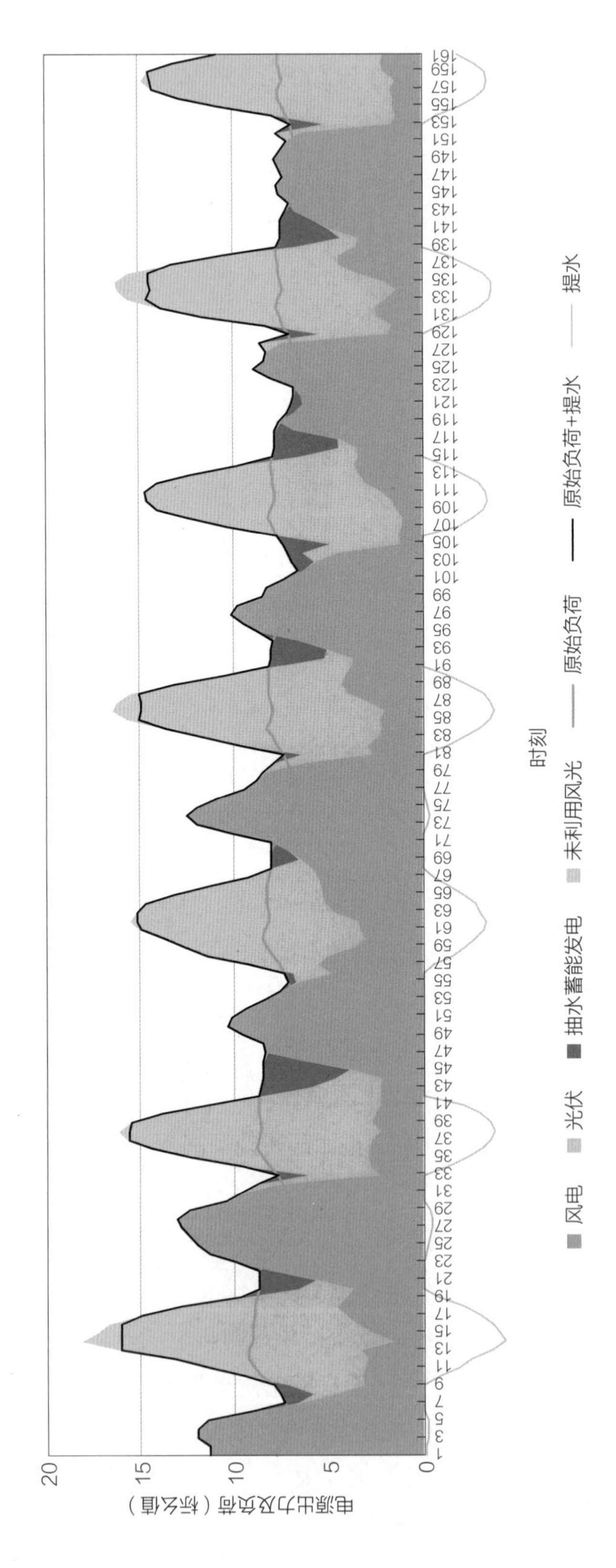

图 5.16 新型抽水蓄能+新能源打捆调节及消纳风光新能源情况

专栏 5.2 新型抽水蓄能的调节能力分析

基于新型抽水蓄能的调水工程相当于为电力系统配备了巨型的储能设施。总体来看，工程的调节能力来自三个方面。一是工程调水的抽水用电负荷能与波动新能源出力特性匹配，相当于一个可调节、可中断的负荷；二是工程调水的受水端建有水力发电机组，利用工程高位势能水发电，相当于一个出力可控的常规水电；三是工程取水端在非调水时段（工程约 80%的时间），统筹各水库蓄水情况，可采用“就地抽发”的常规抽水蓄能方式运行，为系统提供灵活调节容量。因此，利用工程抽水和发电两侧共同提供的调节能力，能够有效平抑风光新能源发电的随机波动性，保证系统输出持续稳定可调节的电力。

采用全球能源互联网合作组织研发的电力系统源网储联合优化模型（GTEP），采用中国西部典型区域的风光出力特性，完成了西部调水工程与风光打捆运行模拟研究。

（1）电网条件。计算中假设西南、西北建成统一大电网，不存在由于网络约束导致的弃风弃光。

（2）清洁能源发电。在西部地区选取典型区域的风电和光伏出力特性，光伏利用小时数约 1800 小时，风电利用小时数约 2500 小时。拟定光伏和风电装机比为 2:1。

（3）用电（或外送）负荷特性。全年用电（外送）负荷的最大负荷利用小时数约 6400 小时。

取水端的蓄能装机容量 6.5 亿千瓦，在提水负荷利用小时数 1900 小时情况下，配置风电装机容量 8 亿千瓦和光伏装机容量 15.4 亿千瓦，可同时满足 1.2 万亿千瓦时调水耗电需求和 5 亿千瓦的稳定用电（外送）负荷要求，如图 5.17（a）所示。

受水端水电装机容量 1.9 亿千瓦，在发电利用小时数 5500 小时情况下，配置风电和光伏装机容量 1.4 亿千瓦和 2.6 亿千瓦，可满足 3 亿千瓦用电（或外送）负荷，如图 5.17（b）所示。综上，该工程可带动约 27 亿千瓦新能源电力高效利用，同时满足 8 亿千瓦负荷的稳定可靠供电。

考虑到不同风光比例下发电特性不同，西部不同地区的风光出力也存在较大差异，计算中未考虑工程所涉及各流域的来水特性、水库调蓄能力等情况，总体来看基于新型抽水蓄能的西部调水工程将成为西部地区新型电力系统重要的灵活调节电源，可以满足 15 亿～20 亿千瓦风光新能源灵活调节的要求。

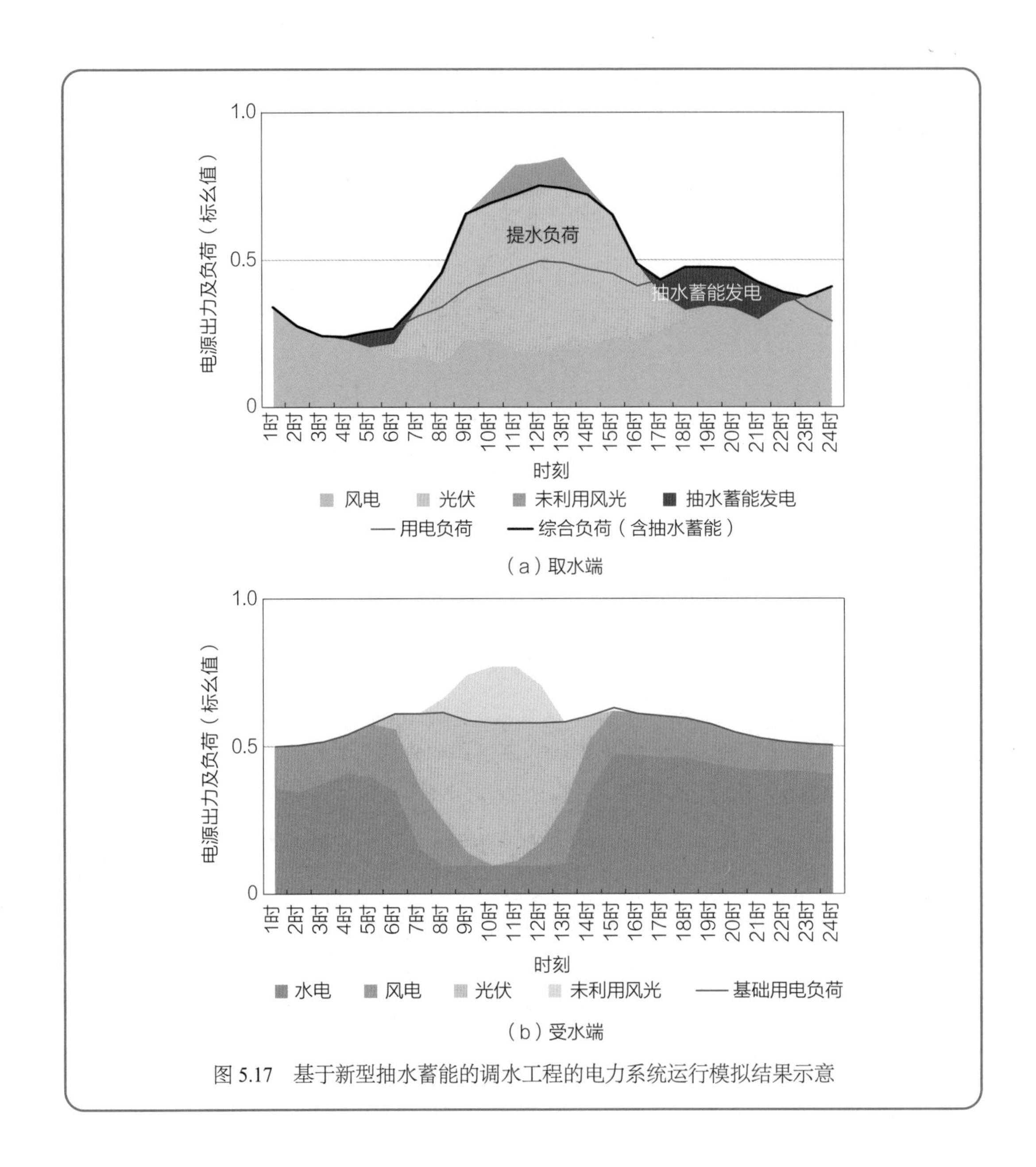

图 5.17　基于新型抽水蓄能的调水工程的电力系统运行模拟结果示意

5.4 小　　结

基于新型抽水蓄能建设西部调水工程，有效缓解西北水资源短缺，大幅提高系统调节能力，促进新能源更大规模开发。构建电—水协同的“输—储”网络，突破常规调水工程的局限，同时契合新能源开发，实现以风光换水、电水同输的水网电网有机互动的“电—水”协同发展新格局。

根据各流域干支流水文和地势条件，充分利用已建和规划水电，设计跨流域调水通道，提出了西部调水通道总体规划，克服海拔高差实现水资源跨流域调配，兼顾西部水资源优化配置和新能源开发消纳。工程以雅鲁藏布江为起点，自“五江一河”取水，年调水量400亿立方米，包含7个跨流域段的35个调水通道，全长1.1万千米，每个调水通道由多个提水段和自流段组成，跨越西藏、云南、四川、青海、甘肃、新疆6省区，最远到达新疆和田，不存在超级水库、超高扬水、超长隧洞等单体超级工程，没有明显技术障碍，总投资6.6万亿元，建设新型抽水蓄能装机容量6.5亿千瓦、水电装机容量2亿千瓦。经测算，可为系统提供超过6.5亿千瓦常规抽水蓄能或新型储能的调节能力，满足15亿~20亿千瓦风光新能源灵活调节要求。同时，西南水电调节能力强，除支撑西南地区发展水风光协同开发外，利用电网互联可以为西北提供调节资源，实现更大范围的资源优化配置。

6

电网建设与互联

我国资源禀赋和能源消费格局决定了西部清洁能源开发在全国能源电力供应体系中的战略安全支撑地位和作用，但西部清洁能源大规模开发外送面临灵活调节性资源匮乏和配置能力不足、电网支撑弱和安全稳定运行风险大、政策和市场机制不完善等难题。应对挑战，应坚持系统思维和全局观念，根本方案是“开发大基地、建设大电网、融入大市场”，打通西北与西南电网互联互通瓶颈，构建西部清洁能源大规模开发、广域配置和高效利用的坚强网络平台，推动建设互联互通的中国能源互联网。

6.1 大电网支撑清洁能源互补互济和高效外送

电网是能源传输、资源配置、市场交易、公共服务的基本载体。为加快我国清洁能源开发，解决能源资源与负荷需求逆向分布问题，支撑清洁能源大规模开发和高效外送，需充分发挥电网大范围大规模资源优化配置平台作用，推动清洁能源基地协同开发和互补互济。我国西部幅员辽阔，东西横跨两个时区，南北纬度相差 22 度，不同地区新能源出力特性差异大。西部水力资源丰富，水电技术可开发量占全国的 76%，各流域间自然地理和气候复杂多样，水力资源具有一定的时空差异。西北西南不同清洁能源品种间也存在较强的互补特性。依托大电网，通过跨区域联合调度，可实现西部清洁能源时空差异互补，水风光多能互济的效益，推动清洁能源高效开发，提升清洁能源基地外送效率。

6.1.1 风能资源互补特性

我国西部地区主要风电基地分布在新疆、甘肃、宁夏、陕西、四川等地区，分别隶属于不同的风道，出力具有很大的差异。受地域与风道的空间差异影响，西北、西南不同省区风电出力最大值时段不同［见图 6.1（a）~（f）］，具备互补性［见图 6.1（g）］。具体来看（见表 6.1），将各风电基地全年整点出力叠加后，整体最大出力比单独最大出力之和减少 20%~30%，平均小时级波动减少 36%~49%，平均日出力峰谷差减少 39%~49%。

表 6.1　各风电基地出力数据统计结果

风区	最大出力系数（标幺值）	最大出力日	平均小时级出力波动（标幺值）	平均日出力峰谷差（标幺值）
陕西	0.76	3 月 16 日	0.024	0.24
甘肃	0.70	5 月 6 日	0.022	0.23
青海	0.82	3 月 8 日	0.026	0.25

续表

风区	最大出力系数（标幺值）	最大出力日	平均小时级出力波动（标幺值）	平均日出力峰谷差（标幺值）
新疆	0.74	5月10日	0.021	0.23
四川	0.77	3月14日	0.022	0.23
西藏	0.81	12月18日	0.026	0.28
西北+西南总体	0.57	3月14日	0.014	0.14

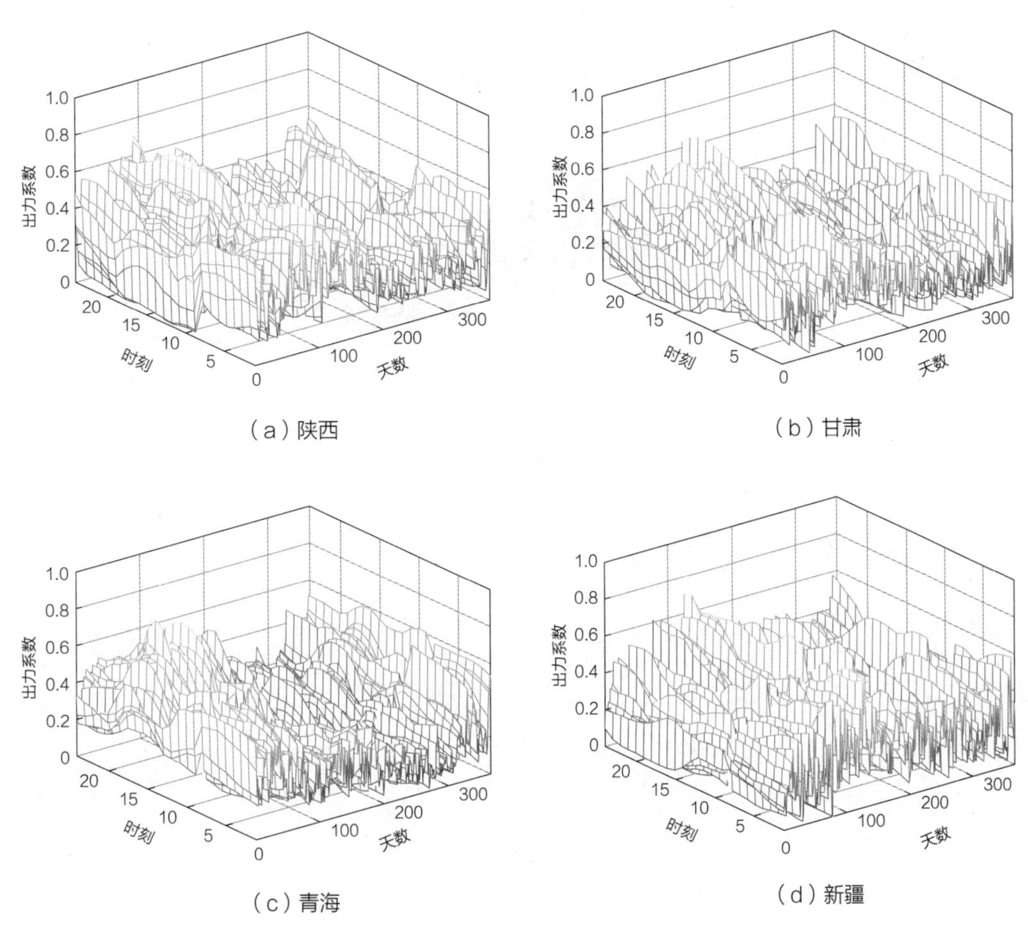

图 6.1 西北、西南不同地区及总体风电出力特性（一）

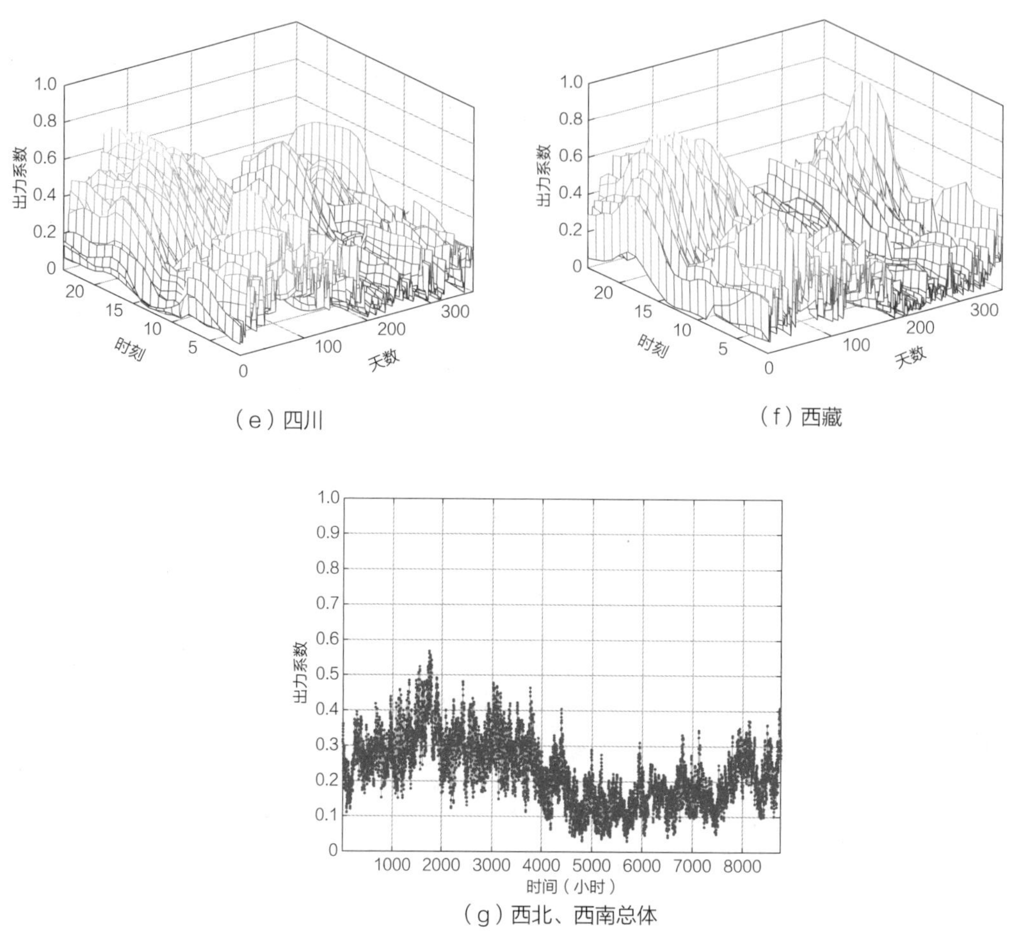

图 6.1　西北、西南不同地区及总体风电出力特性（二）

6.1.2　太阳能资源互补特性

我国西部最东端重庆大足到最西端乌兹别里山口，经度相差 32 度；最北端的新疆哈巴河到最南端四川会理，纬度相差 22 度，经纬度不同会影响太阳辐射强度，进而影响光伏电站出力。可利用西部地区不同光伏电站位置分布，改善光伏整体综合出力特性。从图 6.2 可以看出，考虑经纬度时空差异，西北、西南不同地区光伏基地的最大出力并不出现在同一时刻，区域光伏总体出力时段增加了 2 个小时。

从西部光伏日最大出力概率密度分布可知，通过西北、西南联网，可显著提升日最大出力置信水平，概率超过 90%的日最大出力系数达到 0.53，出力区间为 0.53～0.72，水平较各地区提升 20%～140%，如图 6.3 所示。

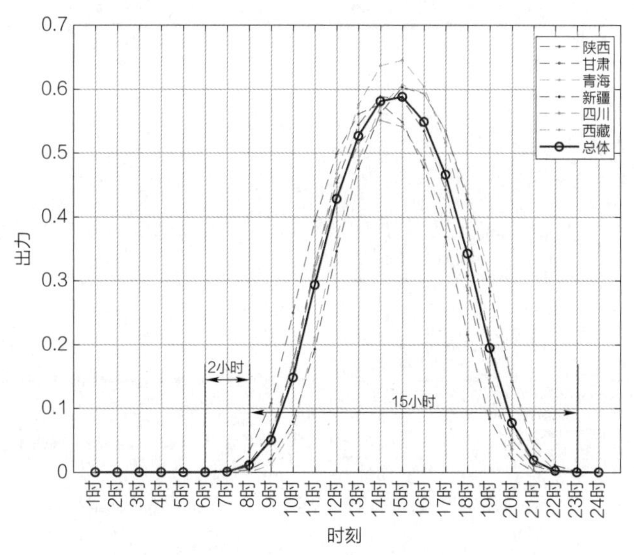

图 6.2 西北、西南总体太阳能出力特性

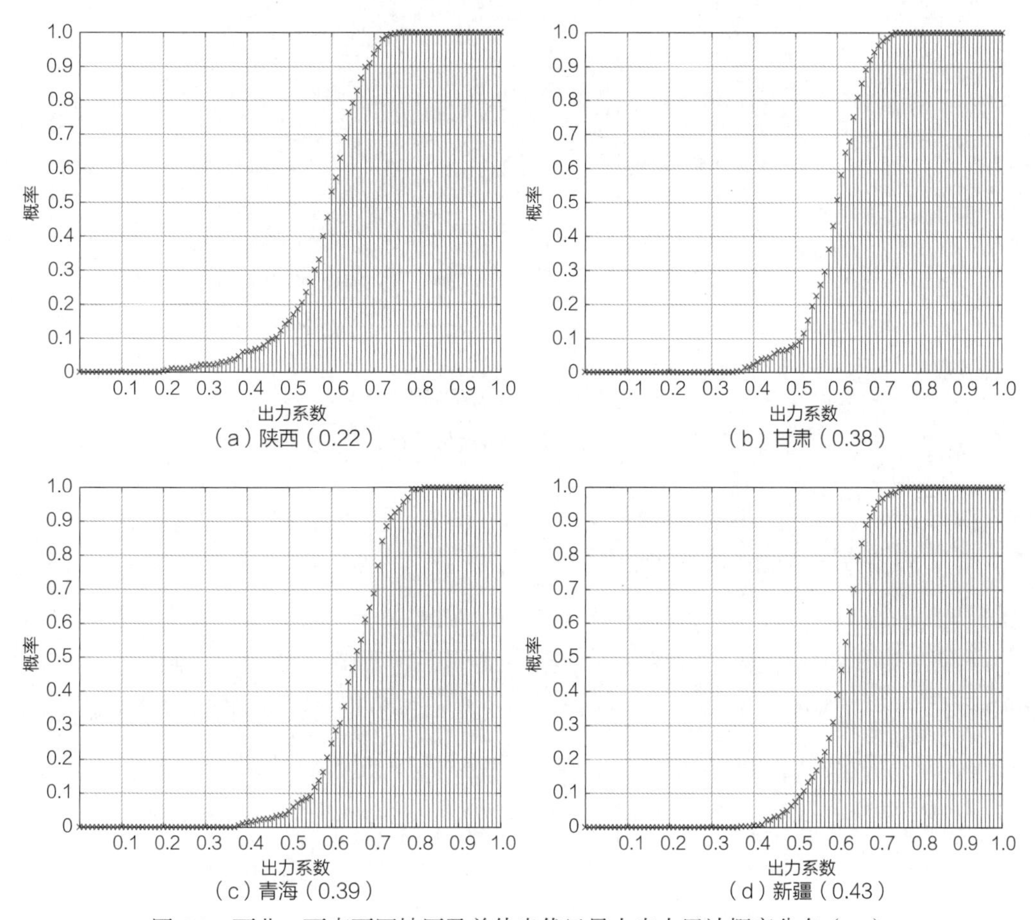

图 6.3 西北、西南不同地区及总体光伏日最大出力累计概率分布(一)

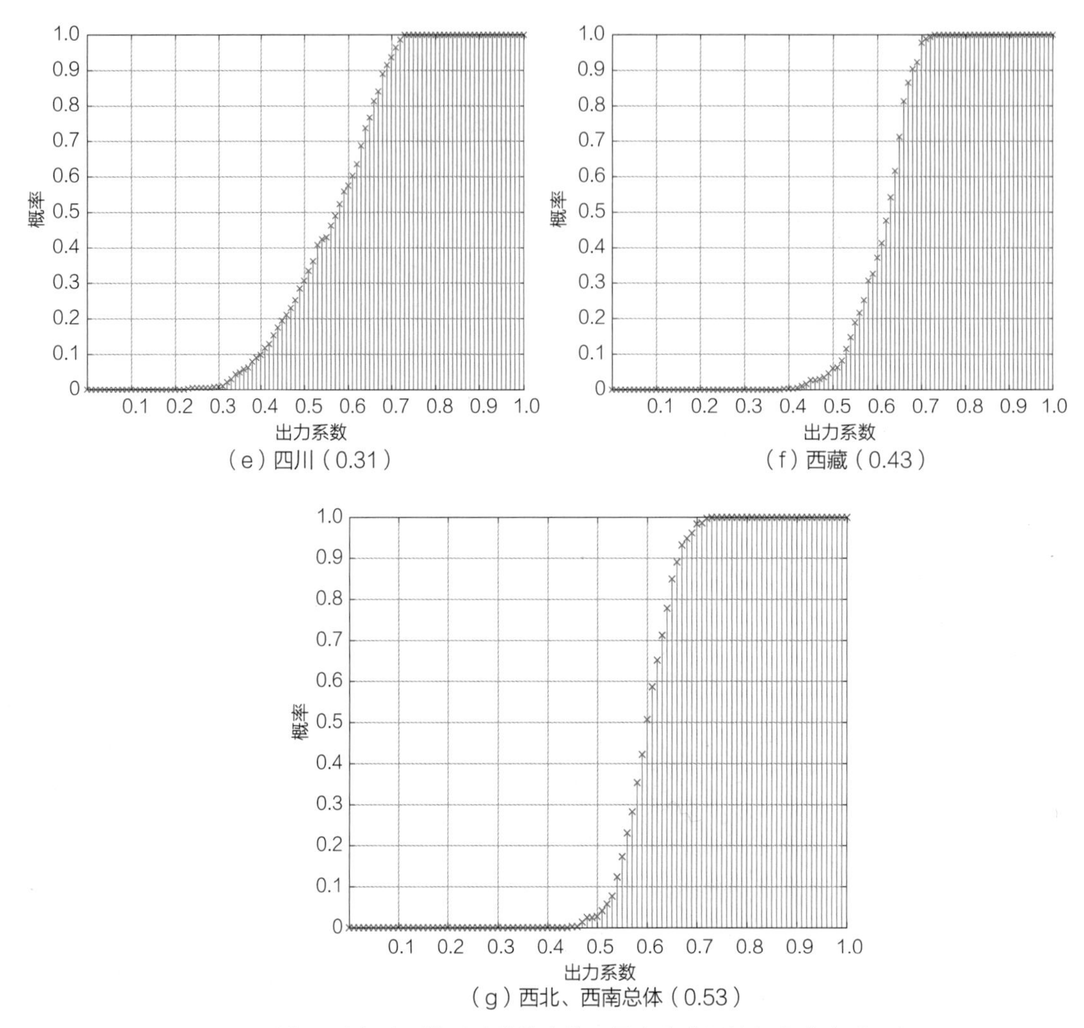

图 6.3 西北、西南不同地区及总体光伏日最大出力累计概率分布(二)

6.1.3 水风光多能互补特性

西南水电和西北风电、太阳能具备季节互补特性和日内互补特性。季节互补性上，如图 6.4 所示，夏秋季西南水电为丰水期，最大出力系数超过 0.9，此时西北风电为小风期，最大出力系数小于 0.5，通过西北、西南电网互联，能够利用西南水电补充西北电力不足，保障西北用电需求并减少西南水电弃电量；冬春季西南水电处于枯水期，最大出力系数小于 0.4，此时西北风电和光伏均处于较大出力期，可利用西北风光补充西南水电缺口，并提升西南水电外送通道利用率，减少西北弃风弃光电量。

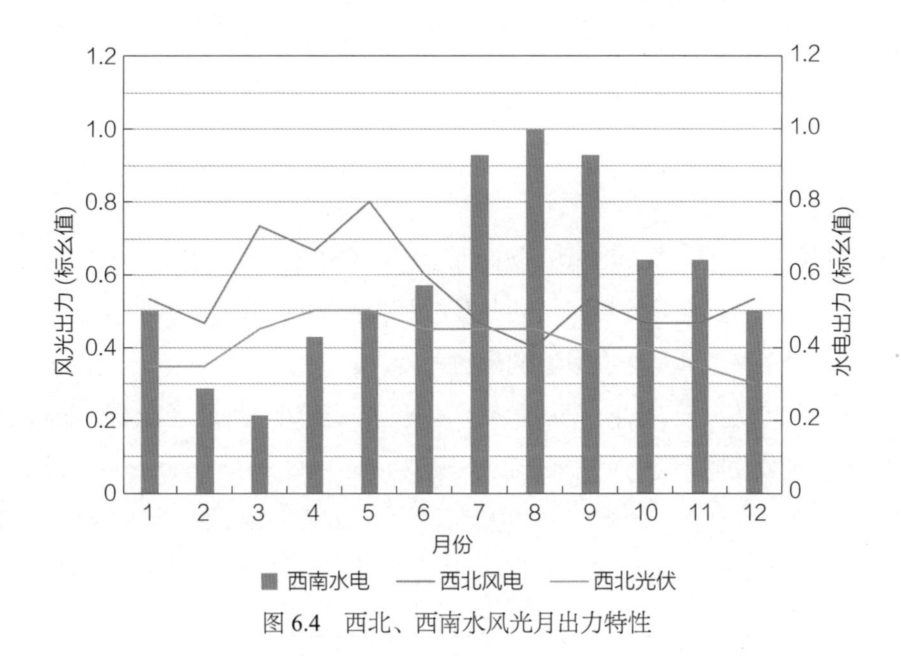

图 6.4　西北、西南水风光月出力特性

日互补性上，如图 6.5 所示，西北风电夜间出力大，此时光伏出力为 0；傍晚，西北光伏出力快速下降，此时风电出力呈现上升趋势，风光之间形成互补。西南水电调节灵活，通过西北—西南电网互联，西南水电参与西北电网调峰，可促进西北新能源消纳，保障西北用电需求及稳定外送通道输送功率。

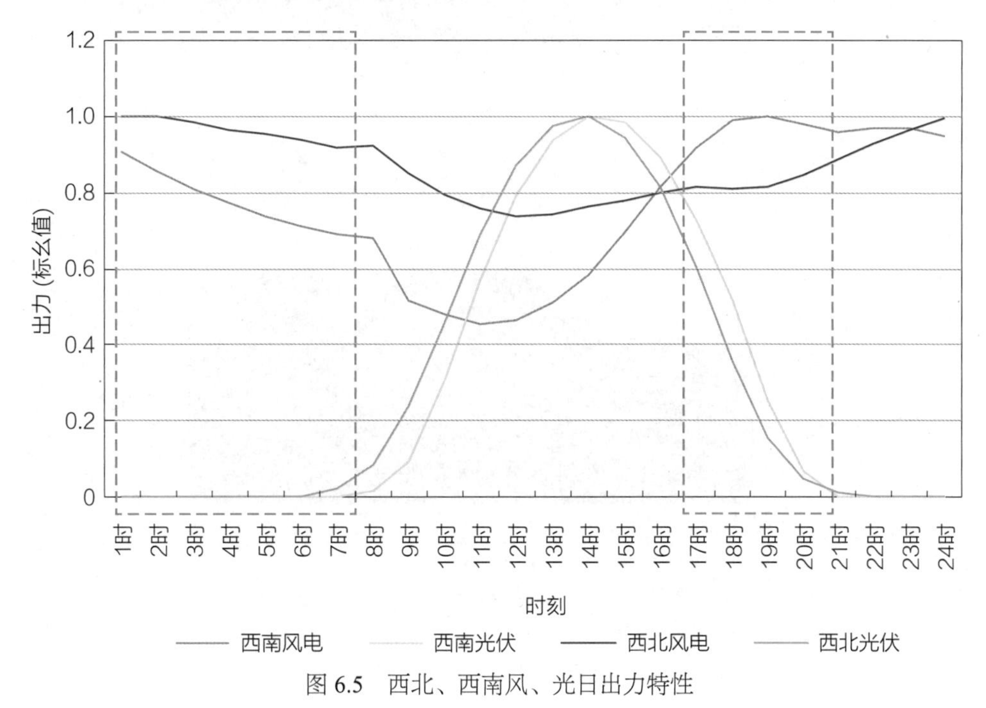

图 6.5　西北、西南风、光日出力特性

6.1.4 水风光多能互济提升电网运行效率和效益

西南地区丰期水电发电量比重高，外送通道电量以水电电量为主，枯期水电出力减少，电量不足部分由西北风光电量补充。西北地区风电出力较大季节，水电为其调峰，让出送出通道，减少风光弃电量；风电出力较小季节，利用具有季调节及以上能力的水电进行季节电量平移，补足送出通道电量空间。

根据系统生产模拟仿真结果，通过水风光互补运行，西北电网跨区直流外送通道利用小时数可提升至6200小时，西南水电外送直流通道利用小时数提升至6000小时以上，单位通道利用效率提升30%以上，直流工程输电价可降低2分/千瓦时以上。西南特高压直流通道多能互补后外送曲线如图6.6所示，西北特高压直流通道多能互补后外送曲线如图6.7所示。

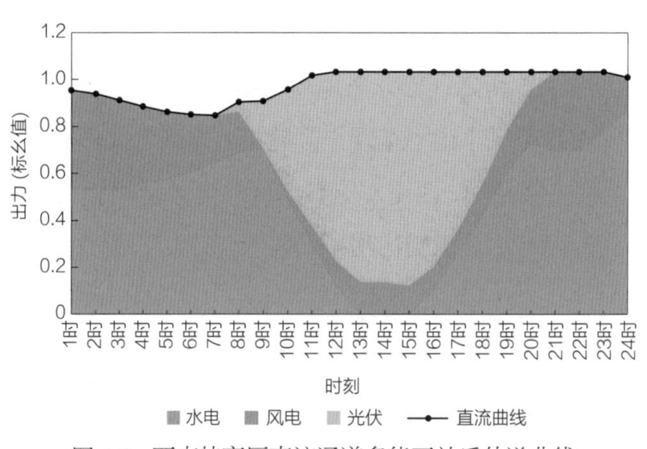

图6.6 西南特高压直流通道多能互补后外送曲线

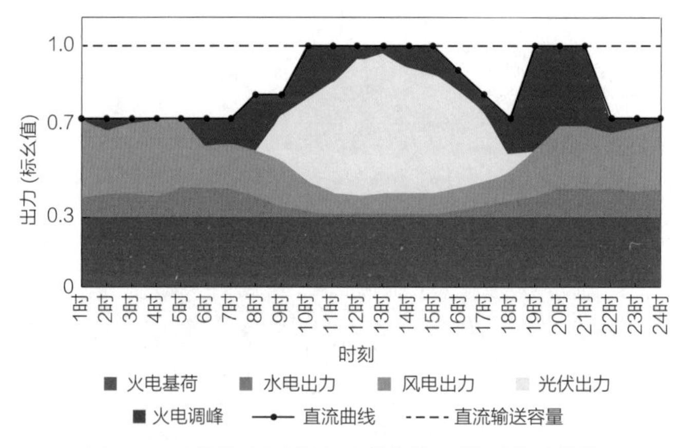

图6.7 西北特高压直流通道多能互补后外送曲线

6.2 大电网增强能源供应保障和系统安全水平

风光等新能源出力波动性、间歇性、随机性高，出力受天气影响大，水电出力季节性丰枯特性显著。随着系统可再生能源比重不断提升及全球变暖导致极端天气频发，电力供应紧张现象的出现概率增大，局部电源的调节能力难以满足本地电力平衡需求，必须发挥大电网大范围配置优势，提升电力供应保障能力和安全稳定运行水平。随着我国西北风电、光伏和西南水电更大规模开发利用，西北和西南电网保供压力急剧增加，迫切需要加强电力互联互通，优化资源配置能力，切实提升我国西部电网供电可靠性和运行安全性，持续推进我国“西电东送”战略实施。

6.2.1 缓解电力供应结构性矛盾，提高能源保障能力

应对水电“丰余枯缺”问题，保障西南枯期电力供应。西南地区电源结构“水多火少”，水电负担着超过一半负荷的用电需求。水电出力“丰大枯小”，季节差异显著，枯水期平均出力为装机容量的30%～50%，丰水期平均出力为55%～90%，丰枯期电量之比超过 1.5。目前，西南地区主要通过提高火电开机规模和留存外送水电的方式，弥补水电枯期出力减少的问题。随着已规划大型水电基地的建成投运，水电装机规模逐步加大，水电丰枯期发电量差距将进一步提高，预计 2050 年水电枯水期发电量相对丰水期少 30%～45%，约 3600 亿～5200 亿千瓦时，而西南地区电力消费仍持续快速增长，且用电负荷继续保持丰枯期双高峰特征，将存在枯期电力供应不足的风险。

为解决电力供应“枯缺”的问题，西南地区需要改变能源电力供应结构，提高枯期电力供应能力，提高火电开机规模的传统方式不再适用“碳达峰、碳中和”目标下能源电力发展的新要求，需要立足自身，加快网内清洁能源发展，同时依靠全国能源资源的

优化配置，引入区外清洁电力。西北地区紧邻西南，新能源等清洁能源资源十分丰富，开发成本相对较低，具备地理和经济的双重优势，通过西北—西南联网，将西北清洁能源电力引入西南地区，是解决西南枯期电力供应的有效途径之一。

优化西部电源结构，提升系统容量保证率。目前西南地区水电装机占比超过60%，西北地区火电占比超过50%，单一品种电源比重过高。随着新能源的大规模并网，新能源发电间歇性、随机性、不确定性问题将更为突出，系统的容量保证率逐步降低。西北—西南联网加强后，西部电网整体电源结构得到优化，供电结构更加均衡，多元化电源结构可避免对单一电源的依赖，系统电源容量保证率和供电可靠性大幅提高，如图6.8所示。

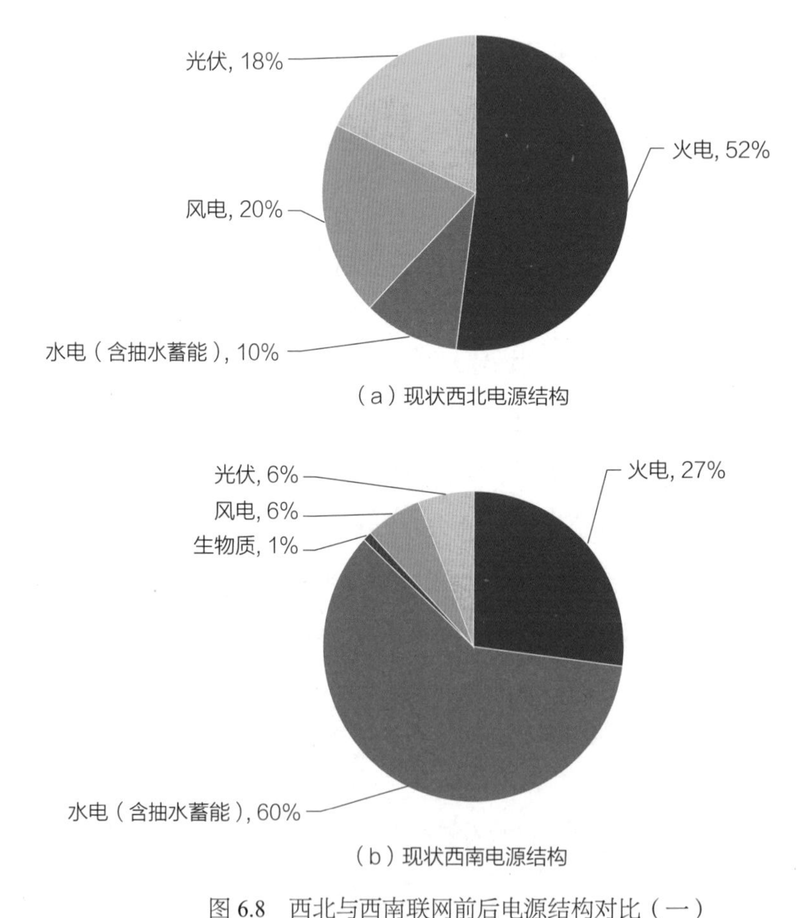

图6.8　西北与西南联网前后电源结构对比（一）

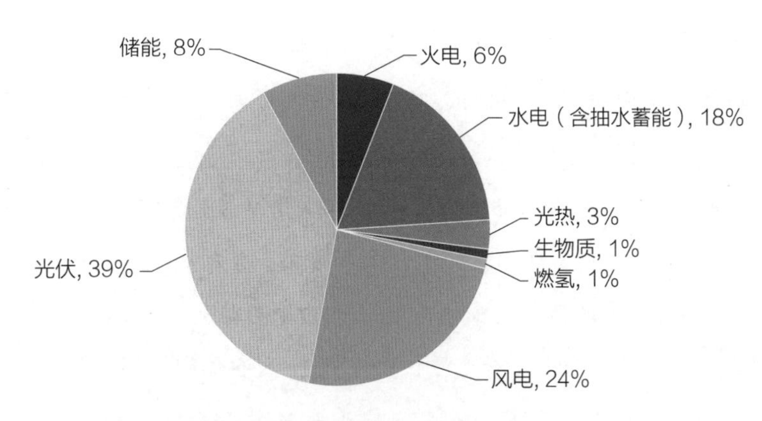

（c）2050年联网后，西北与西南整体电源结构

图 6.8 西北与西南联网前后电源结构对比（二）

6.2.2 提升系统在极端天气下的供电可靠性和适应能力

受全球气候变暖和环境持续恶化影响，干旱、洪涝、飓风、极端高温和极寒天气事件呈频发趋势。电力系统负荷和新能源发电与天气强耦合，对极端天气高度敏感，电力供需平衡难度大幅增加。近年来湘赣、东北、川渝等地区相继出现的电力短缺和供需紧张都是极端天气导致的。未来随着新能源占比持续提升，以及极端天气发生频率进一步增加，必须从源网荷储各环节提升系统在极端天气下的供电可靠性和适应能力。

专栏 6.1　极端天气造成供需不平衡

1. 气候异常导致电源出力大幅降低

极端高温干旱导致水电出力大幅降低。2022 年夏天，我国南方地区出现罕见大范围持续极端高温干旱天气，川渝地区更是爆发 60 年一遇极端高温和最少降雨。受持续性高温干旱天气影响，长江流域出现“汛期反枯”的罕见旱情，降雨量较同期下降46%，水电大省四川的水电发电能力较同期下降五成以上。

高温无风天气导致风电出力骤减。2021年9月，东北地区出现罕见的高温无风天气，风电出力仅为装机容量的千分之二左右，叠加煤炭供应吃紧、火电出力受阻，出现电力系统频率降低重大安全险情，电力缺口达到Ⅱ级橙色预警。

极寒冰冻天气造成化石能源供给不足、设备故障增多。2020年12月，我国中南部地区爆发极端低温天气，冰冻天气不仅导致煤炭供应受阻、煤电出力受限，还导致风机受冻，燃煤、燃气电站设备故障增多，造成电力、电量均出现较大缺口。

2. 气候异常导致用电需求大幅增加

极端高温天气导致空调负荷激增。随着居民生活水平的提升和第三产业的发展，制冷负荷逐年增多。近五年国家电网经营区夏季制冷负荷年均增长约1000万千瓦，2022年夏季已超过2.6亿千瓦，占总负荷的比例已接近30%，川渝地区制冷负荷占比超过50%。2022年夏天，极端高温天气导致四川用电负荷接连6次创历史新高，最大用电需求负荷高达6500万千瓦，同比增长25%。四川、重庆最大电力缺口分别达到1700万、450万千瓦，电力空前紧缺。

极端低温天气导致采暖负荷飙升。随着我国居民生活水平的提升，冬季电采暖负荷显著增长，特别是中南部地区，由于燃气集中供暖投资大、供暖期短、经济效益不高，电采暖发展迅速，电采暖负荷占比越来越高。2020年12月，湘赣等地区爆发极端低温天气，居民采暖负荷增幅远超预期，叠加疫情后复工复产提速，湖南、江西等地最大负荷破历史纪录。

扩大电网互联是极端天气条件下经济性最高的电力保供措施。极端天气条件下，当系统中新能源占比较高时，风电和光伏受天气影响出力大幅降低，无法满足系统全时段供电需求，部分高峰时段必须切负荷。通过对源网荷储各环节保障极端天气条件下供电安全性的相关措施进行年化成本对比，需求侧管理年化成本最低，其次是扩大电网互联，其他措施年化成本是电网互联的5倍以上。考虑到极端天气条件下，系统能够进行需求侧响应的资源非常有限，无法抵消新增用电需求，可认为扩大电网互联是经济性最高的极端天气安全保供措施。

专栏6.2 提升极端天气条件下系统供电可靠性相关措施的经济性比较

随着风光等新能源发电比重不断提升，在极端天气情况下，由于新能源出力大幅降低，无法满足系统全时段供电需求，部分晚高峰时段被迫切负荷。远期为了提升系统在极端天气条件下的供电可靠性，电源侧可增加煤电或燃气备用，但会造成机组利用效率的进一步降低；电网侧可扩大与周边电网互联互通，在发生极端天气时，跨区获得电力支援；负荷侧可通过市场机制，引入需求侧响应激励，降低极端天气条件下负荷需求；储能侧可通过增加抽水蓄能、氢储能等长期储能，来满足持续高温或低温天气情况下系统新增供电需求。

其中，扩大电网互联和建设长期储能不仅可以提升极端天气条件下系统供电可靠性，还可在非极端天气条件下提升新能源消纳能力，减少弃风弃光电量。跨区电网互联不仅可在紧急情况下提供电力支援，还可实现区域间资源互补，提升装机效率。由于系统中能够提供需求侧响应的容量是有限的，尤其是发生持续高温或低温天气时，系统需求侧响应资源将大幅减少。2050年，源网荷储各环节供电可靠性提升措施投资及运维成本预测如表6.2所示。

以2050年湖南省电力系统在极寒天气条件下生产模拟仿真结果为例，系统最大切负荷量约1000万千瓦，占最大负荷的13.8%，从源网荷储四个环节提供1000万千瓦极端天气备用所需成本如表6.3所示。

表 6.2　2050 年源网荷储各环节供电可靠性提升措施投资及运维成本预测

环节	措施	投资成本	运维成本
源	增加火电备用	燃煤机组：4500 元/千瓦 燃气机组：4000 元/千瓦	3%～5%
网	扩大电网互联	±800 千伏特高压直流工程 换流站：750 元/（千伏·安） 输电线路：500 万元/千米	2%
荷	需求侧管理	500 元/千瓦	2%
储	增加抽水蓄能	5600 元/千瓦	2%
	增加氢储能	8000 元/千瓦	2%～3%

表 6.3　2050 年源网荷储各环节供电安全性提升措施及成本预测[1]

单位：亿元

环节	措施	投资成本	运维成本	其他成本	年化成本*
源	增加火电备用	400	20	6	18.5
网	扩大电网互联	250	5	−185	3.03
荷	需求侧管理	50	1	−35	0.7
储	增加抽水蓄能	560	11	−25	23.7
	增加氢储能	800	16	−25	34.3

* 年化成本计算时，运行期限按照 30 年，内部收益率 5%。

根据表 6.3 的预测结果，投资成本和年化成本最低的措施为需求侧管理，其次为扩大电网互联，长期储能系统投资成本最高。由于在极端天气条件下，需求侧响应资源难以抵消新增用电需求，在规划提升新型电力系统极端天气条件下供电可靠性的相关措施时，宜同时考虑需求侧响应和扩大电网互联。

[1] 增加火电备用的其他成本为排放污染物增加的环保成本；扩大电网互联的其他成本为减少电源装机和减少弃风弃光电量的收益；需求侧管理的其他成本为需求侧激励支出减去弃风弃光电量收益；抽水蓄能和氢储能额外成本为减少弃风弃光电量的收益。

加强西北—西南联网，可有效提升系统在极端天气条件下的供电安全性。以西南地区丰水期7月发生极端高温干旱天气为例，西南水电发电总量降低50%，正常方式下，西南向西北输送电量，极端方式下，西北通过互联通道为西南提供电力支援，反送电量，大幅缓解电力供应紧张局势。西南7月发生极端天气，双周生产模拟运行情况如图6.9所示。

以西北地区新能源出力较大季节发生连续1周阴天、无风天气为例，西北地区新能源平均出力由0.3骤减至0.06，发电量整体下降80%，西北本地电源的供电能力大幅降低，西南通过用西北—西南互联通道向西北提供电力供应，并参与调峰，避免出现大规模停限电事件。西北某省3月典型周发生极端天气，双周生产模拟运行情况如图6.10所示。

6.2.3 增强系统安全稳定水平和抵御严重故障的能力

同步机出力占比提升。根据逐小时生产模拟测算，2050年，联网前西北电网同步机组出力占总负荷比例大于5%、10%、20%的累计时段为全年时长的50%、20%、13%；联网后电源结构得到优化，西北电化学储能配置规模大幅下降，同步机组出力占总负荷比例大于5%、10%、20%的累计时段提升至75%、62%、47%，系统惯量水平维持在一定规模。联网前后，同步机出力占比示意如图6.11所示。

降低单一扰动源影响。西北、西南最大单一扰动源规模分别为1200万、800万千瓦，2050年，联网前占最大负荷（不含外送）比例分别约4%、3%。联网后占全网最大负荷比例下降至约2%。

增强频率调节能力。西北新能源占比高，系统惯性不足，故障后频率变化率高，易触发低频减载动作，火电开机规模越小，系统频率振荡幅度越大；西南水电占比高，由于水轮机调速过程存在“水锤”效应，易引发频率振荡。西北、西南电网互联可充分协同各自调频资源，实现扬长避短。

提升紧急控制能力。西北、西南外送直流规模大，若发生换相失败，将在数百毫秒内累积千万千瓦级暂态能量，对送端系统安全稳定造成严重冲击，一回直流发生闭锁故障，并列运行的直流紧急调制效果类似切机。电网互联可扩大参与紧急功率调制的直流规模，削弱不平衡功率对系统的冲击。

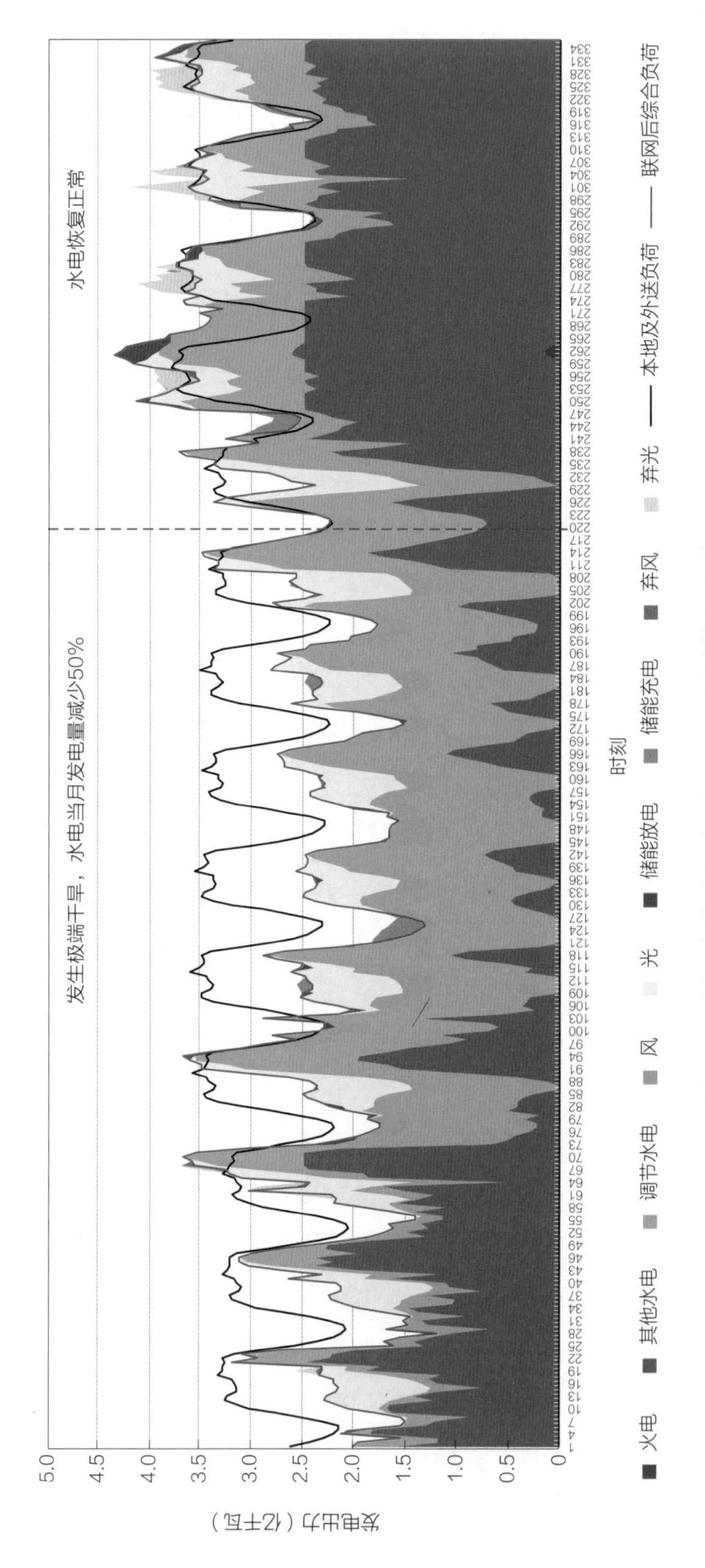

图 6.9　西南 7 月发生极端天气，双周生产模拟运行情况

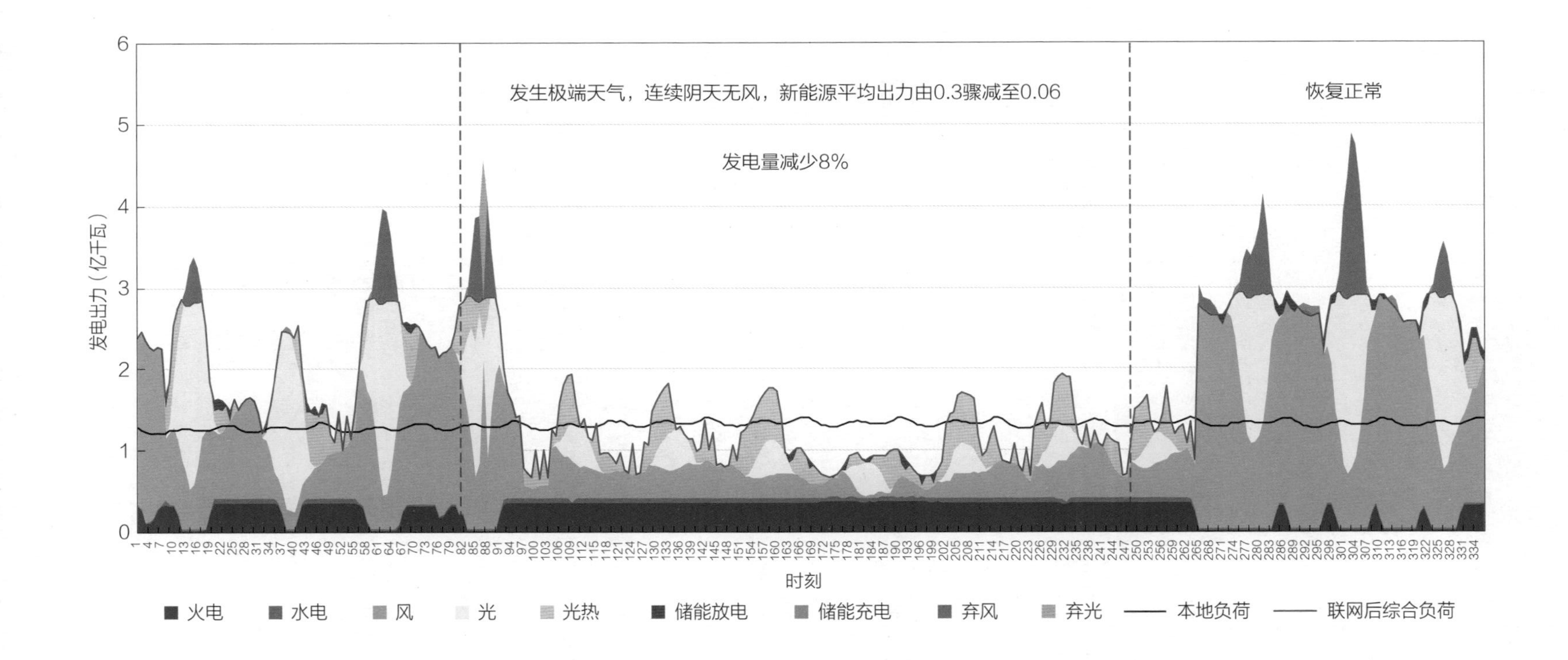

图 6.10 西北某省 3 月典型周发生极端天气，双周生产模拟运行情况

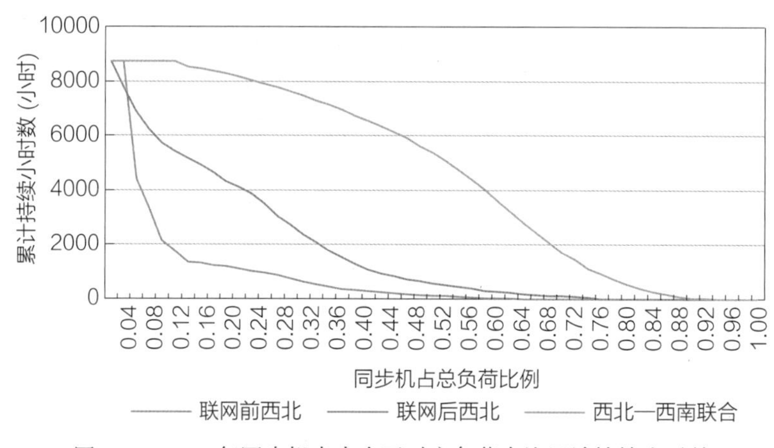

图 6.11　2050 年同步机出力大于对应负荷占比累计持续小时数

6.3　大电网实现资源更大范围共享和优化配置

加强跨省跨区联网，可发挥错峰效益，降低系统整体最大负荷，平抑负荷波动，降低峰谷差率，减少基荷电源装机需求。通过跨区联网，优化系统整体电源装机结构，共享灵活性调节资源，可减少调节性电源装机需求。与煤电、燃气发电、储能及燃氢发电等灵活性电源相比，电网建设投资成本和运维费用相对更低，利用跨区联网共享调节资源可提升系统整体经济性，降低电力供应成本。我国西北西南在电源结构、负荷特性和灵活性资源禀赋方面具备较好的互补性，通过西北西南跨区联网，能够优化电源结构，减少系统装机容量，促进可再生能源消纳。

6.3.1　实现负荷错峰、备用共享，减少系统装机需求

西北西南用电结构、负荷特性不同，地区间存在时间差和季节差，系统的年和日负荷曲线不同，高峰负荷不在同时发生。通过西北西南跨区联网，实现负荷削峰填谷，联网后系统最大负荷比独立运行总负荷有所下降，减少各系统装机容量。另外，西北、西南机组可以按地区轮流检修，错开检修时间，通过跨区电力互供支援，减少检修备用；

当单个区域发生故障或事故时，电力系统之间通过联络线紧急支援，提高各系统的安全可靠性，可减少事故备用。

预计到 2050 年，西北地区最大负荷达到 3.4 亿千瓦（不含电制氢），最大负荷利用小时数约 6800 小时，最大峰谷差 4600 万千瓦，峰谷差率达到 13%；西南地区最大负荷达到 2.9 亿千瓦，最大负荷利用小时数约 5500 小时，最大峰谷差 1.1 亿千瓦，峰谷差率达到 37%。通过西北、西南电网互联，跨区域互为备用，发挥错峰效益，可减少最大负荷 4900 万千瓦，约为总最大负荷 5.8 亿千瓦的 9%。通过联网，有效平抑西南地区负荷波动，总负荷峰谷差率降至 26%，如图 6.12 和图 6.13 所示。考虑检修备用、事故备用等，预计可减少顶峰装机容量超过 5500 万千瓦。

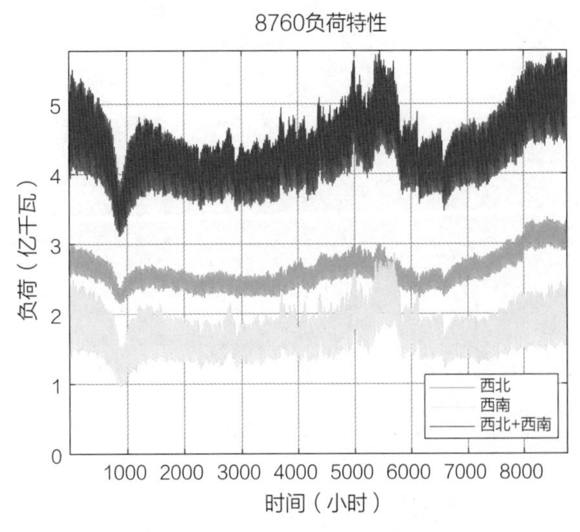

图 6.12　西北与西南地区年负荷特性

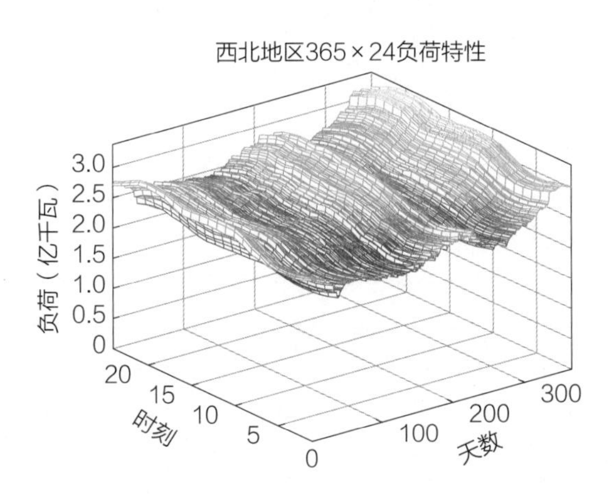

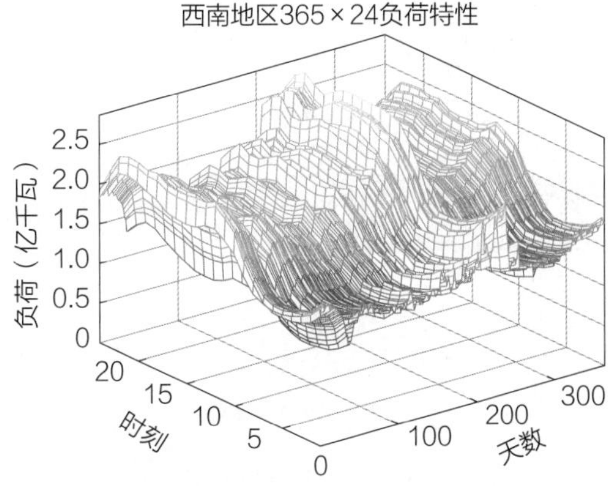

- 利用小时数（小时）：6810
- 最大负荷（万千瓦）：33780
- 峰谷差（万千瓦）：4640
- 峰谷差率：13%

（a）西北负荷特性

- 利用小时数（小时）：5480
- 最大负荷（万千瓦）：28690
- 峰谷差（万千瓦）：10680
- 峰谷差率：37%

（b）西南负荷特性

图 6.13　西北与西南联网前后负荷特性对比（一）

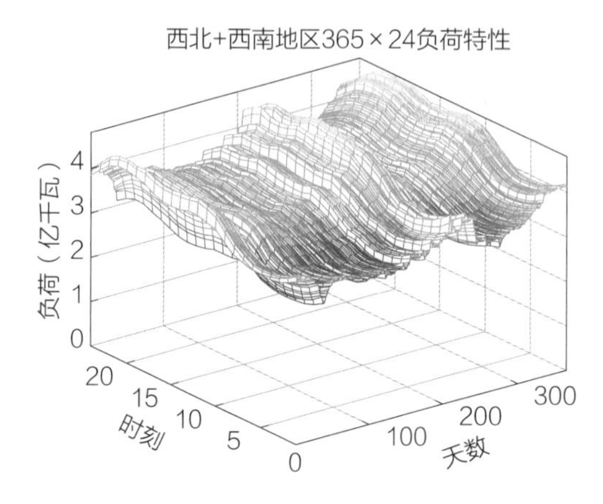

- 利用小时数（小时）：6730
- 最大负荷（万千瓦）：57550
- 峰谷差（万千瓦）：14800
- 峰谷差率：26%

（c）西北与西南联网后整体负荷特性

图 6.13　西北与西南联网前后负荷特性对比（二）

6.3.2　实现调节资源跨区共享，促进新能源开发利用

未来，西北地区是我国新能源发电开发利用的重点区域，系统调节资源需求较大，但西北灵活性调节资源缺乏。2050 年考虑水电、火电、生物质等电源，西北地区调节性电源装机占比仅为总装机容量的 14%，其中常规水电已基本开发完毕，抽水蓄能电站资源开发程度超过 50%，待开发资源规模十分有限，无法满足系统对灵活性调节资源持续增加的需求，一定程度影响新能源大规模开发利用。

专栏 6.3　西北电力电量不平衡问题

目前西北新能源装机容量 1.4 亿千瓦，占比 40%，预计到 2050 年，西北新能源装机容量将超过 15 亿千瓦。新能源发电随机性、间歇性和波动性较大，导致日内电力不平衡和季节性电量不平衡问题凸显，系统所需灵活性调节资源持续增加。

（1）日内电力不平衡问题。日负荷高峰时刻新能源电力支撑能力不足，难以保证日内电力平衡。如 2020 年 12 月 15 日，西北电网晚高峰最大负荷 1 亿千瓦，此时风电出力 184 万千瓦，不到装机容量的 3%，仅占最大负荷的 1.8%。

（2）季节性电量不平衡问题。新能源发电出力与电力需求存在季节性错配。西北风电和光伏均在春季大发，3—5 月风电发电量占全年的 33%，光伏发电量占全年的 28.6%，同期电力需求较低；电力需求高峰出现在冬季，11 月—次年 1 月用电量占全年的 27.7%，而同期新能源发电出力不足。

西北风电出力与日负荷曲线如图 6.14 所示，西北用电量、风光发电量季节特性如图 6.15 所示。

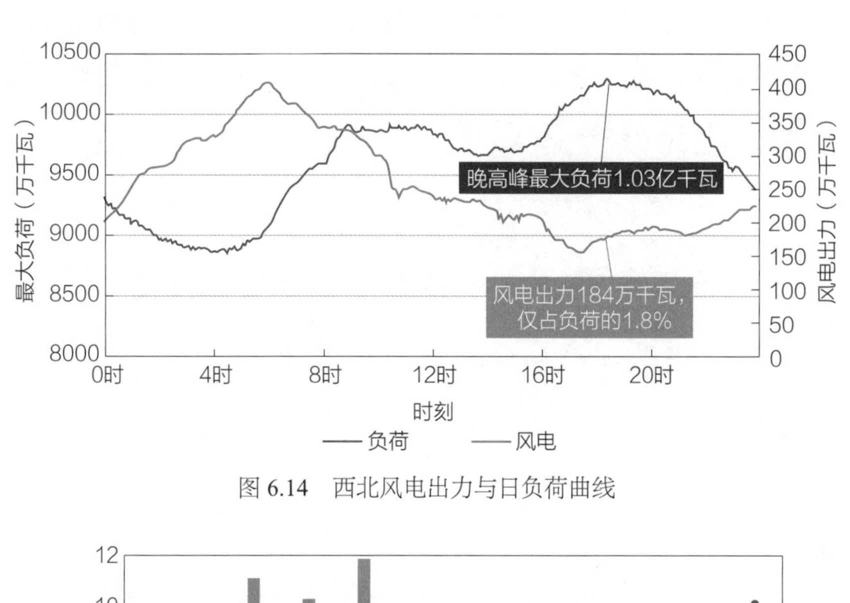

图 6.14 西北风电出力与日负荷曲线

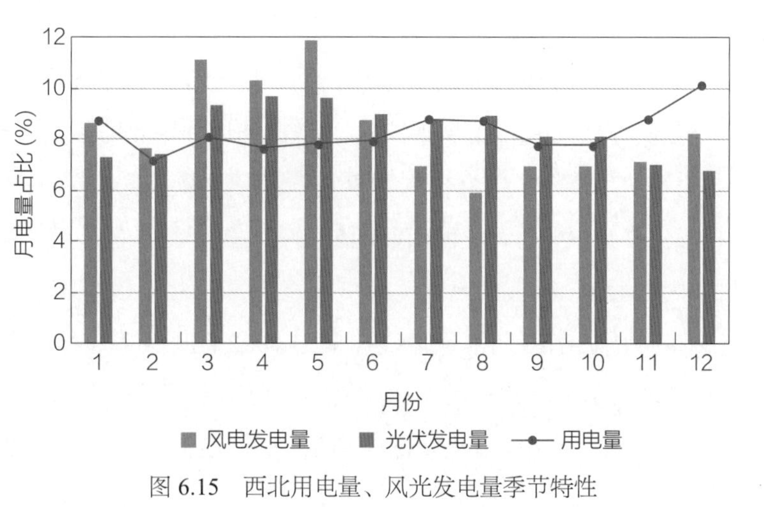

图 6.15 西北用电量、风光发电量季节特性

西南地区灵活性资源丰富，2050 年西南水电规模 4 亿千瓦，仅考虑水电的情况下，西南地区调节性电源占比超过总装机容量的 50%，抽水蓄能电站资源开发程度不足 20%，

仍具有较大增幅空间。同时，西南新能源资源集中在西部海拔较高地区，施工条件成熟且开发成本低的新能源站址有限，不能充分利用本区域灵活性资源的调节能力。以风电为例，利用八大流域水电的调节能力支撑本地风电资源开发完毕后，还具有支撑约 1 亿千瓦风电的能力。

西北、西南电网互联后，西部地区整体调节性电源占比约为总装机容量的 37%，若考虑抽水蓄能资源进一步开发，调节性电源占比可提高到 41%。西南水电等灵活性调节资源在西北发挥作用，在满足西南本地新能源开发的基础上，可支撑西北新能源开发，提高西部新能源整体开发利用规模，同时减少西北对储能及其他灵活调节资源的需求，降低西北电网新能源开发和系统运行成本。

6.4 西北西南联网方案设想

6.4.1 联网规模分析

以充分利用西部电网各类电源的互补互济特性，最大限度发挥区域电网灵活性调节资源，保证西南电网水电外送通道的电网效益，送出通道利用效率不低于现状水平为前提，通过开展电力系统生产模拟仿真，测算西北—西南电网互联通道需求规模。

根据生产模拟仿真结果，西北—西南联网最大容量需求约 1 亿千瓦，考虑“十四五”末已建成投运的柴拉直流、德宝直流以及格尔木直流，西北—西南联网需新增通道规模约 9000 万千瓦，联网通道双向累计输送电量约 4000 亿千瓦时，利用小时数约 4400 小时。按照最大需求规模实现联网后，通过西北—西南电网统一调节运行，西南水电调节能力得到充分发挥，可减少电化学储能容量 7000 万千瓦，提升新能源消纳能力约 1.2 亿千瓦。

2050 年西南地区丰枯期典型日生产模拟结果如图 6.16 所示，2050 年西北地区丰枯期典型日生产模拟结果如图 6.17 所示。

通过西北—西南电网联网线路，西北风光与西南水电互补互济优势得到充分体现。

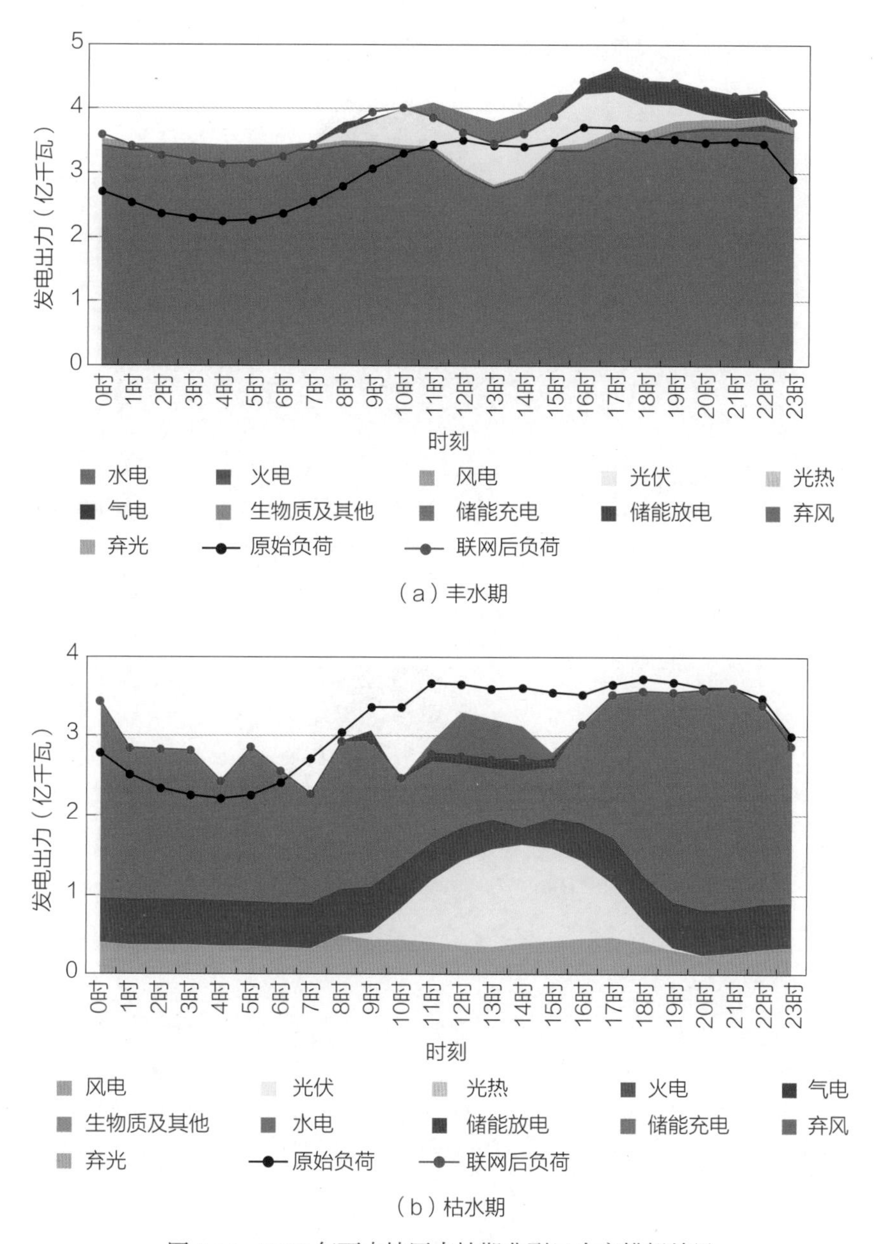

图 6.16　2050 年西南地区丰枯期典型日生产模拟结果

年内，受水电、新能源装机出力季节特性影响，冬春季，西北新能源出力大，西北—西南联网线路以西北向西南输送电量为主；丰水期，西南水电发电量激增，此时西北风光发电处于全年较低时期，西南电网通过联网线路向西北电网输送电量。西北—西南联络线逐月输送电量如图 6.18 所示。

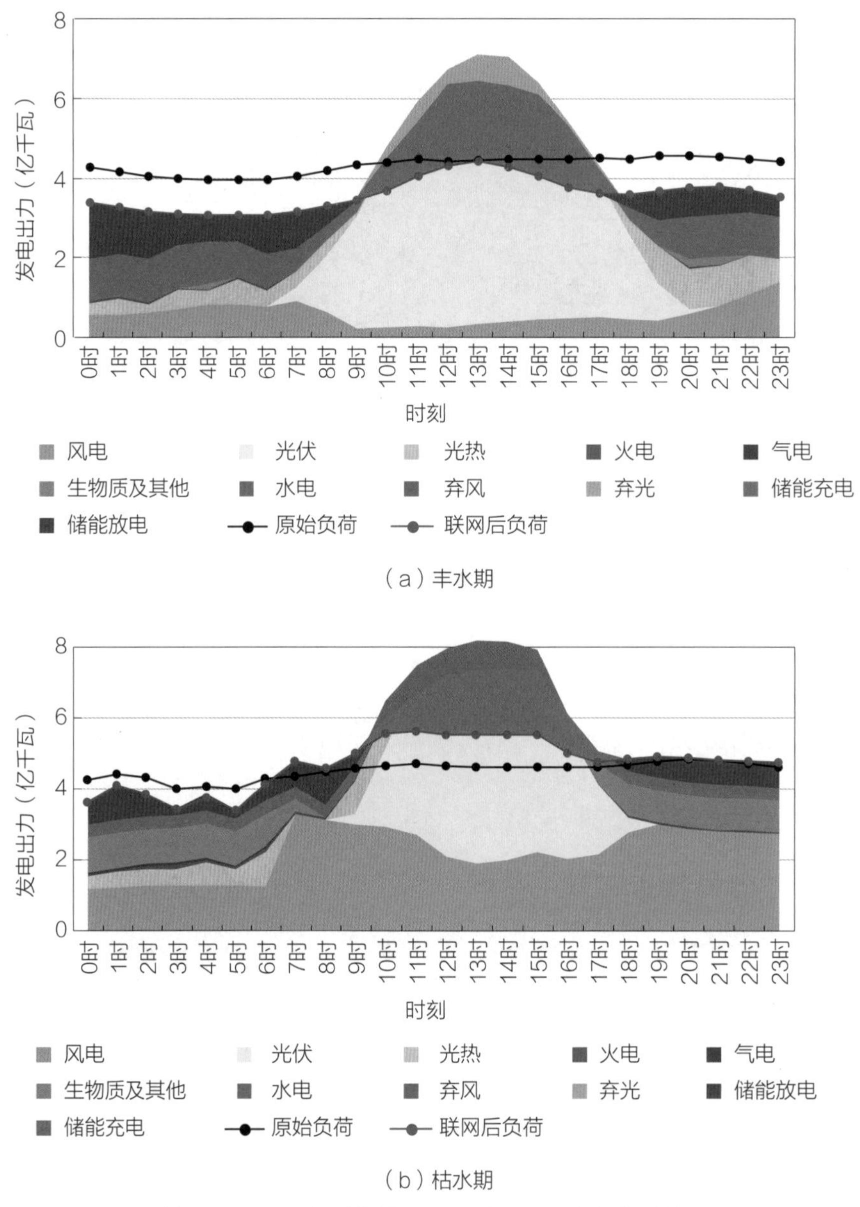

（a）丰水期

（b）枯水期

图 6.17 2050 年西北地区丰枯期典型日生产模拟结果

日内，丰水期，西南水电参与西北调峰，白天西北光伏出力大，西南水电减少送电，优先消纳西北光伏电量，夜间西南水电增加发电量，并向西北送电，解决西北光伏出力为 0 导致的电力电量不足问题；枯水期，西南水电灵活调节能力更强，白天西北向西南送出富余电量，西南水电留存来水至夜间发电，并向西北反送部分水电发电量。西北—西南联络线丰枯期典型日互济运行曲线如图 6.19 所示。

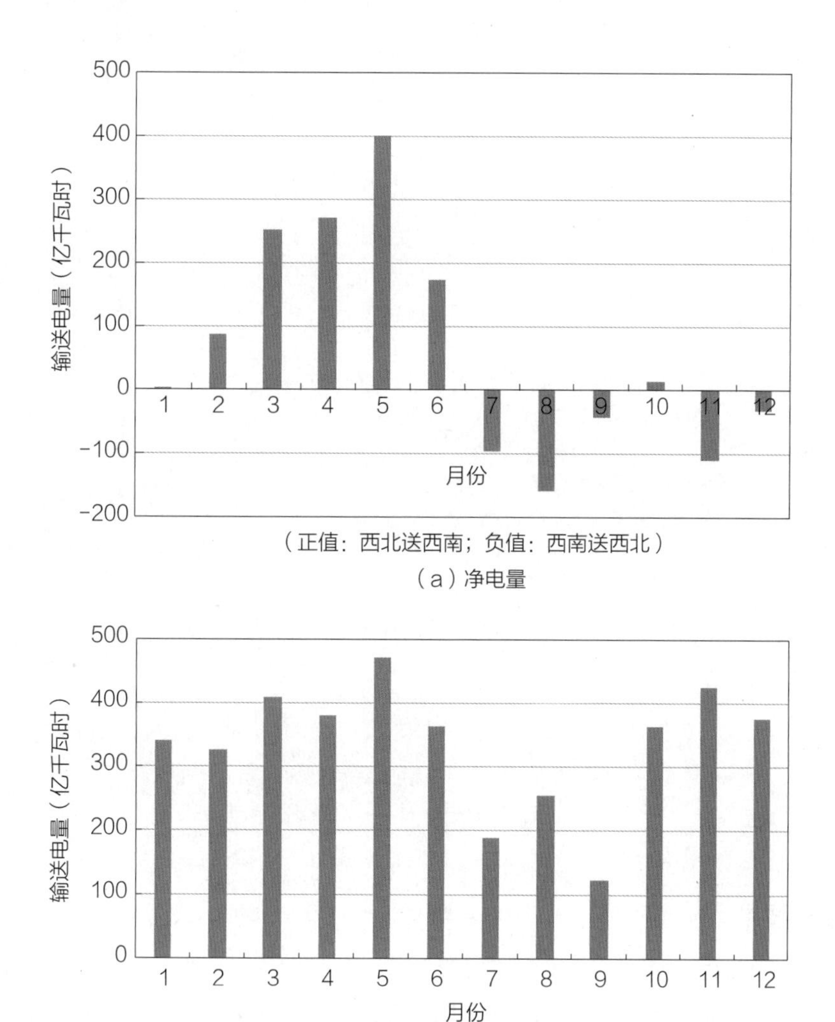

图 6.18 西北—西南联络线逐月输送电量

6.4.2 联网方案展望

西北、西南联网的总体思路是统筹西北沙戈荒大型能源基地、西南水风光能源基地开发外送，充分发挥利用西北、西南清洁能源资源互补特性和共享新型抽水蓄能调节能力，构建互补互济、安全可靠、灵活高效的资源优化配置网络平台，满足西部经济社会快速发展的用电需要，为西部清洁能源大规模开发、广域配置和高效利用提供坚强支撑。

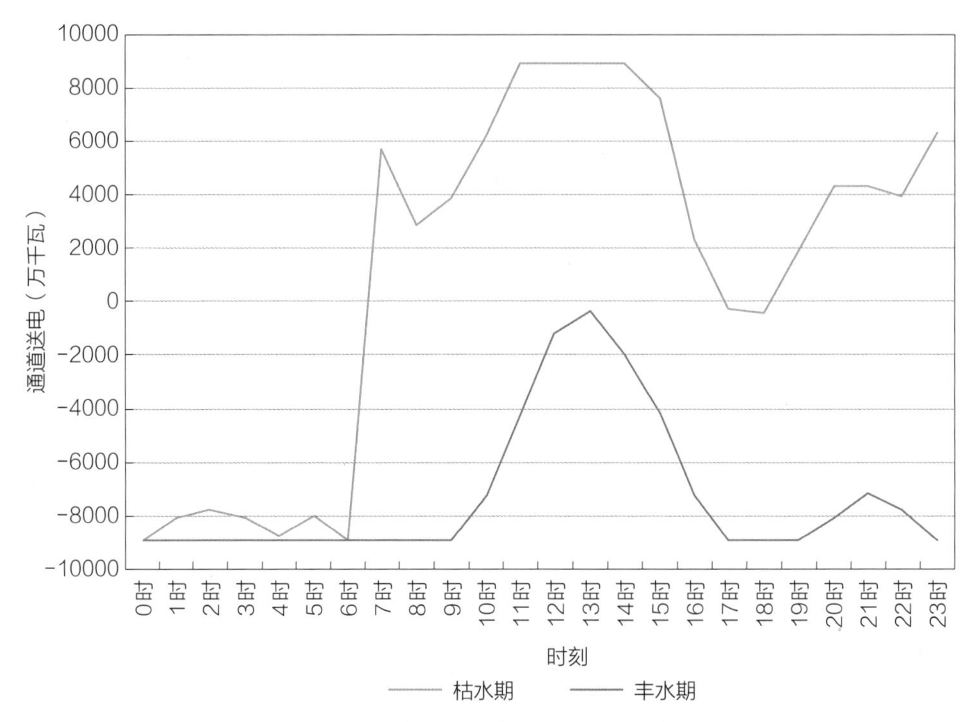

图 6.19 西北—西南联络线丰枯期典型日互济运行曲线

（正值：西北送西南；负值：西南送西北）

1. 联网技术

考虑西北沙戈荒大型风光基地主要分布在新疆、青海、甘肃等地区，距离西南成渝等负荷中心超过 2000 千米，需采用输送距离远、输电损耗小、送电规模大的特高压输电技术实现西北—西南联网，满足跨区域水风光多能互补互济需要。特高压输电技术相较传统高压输电技术的优势如图 6.20 所示。

目前，西北—西南电网已有德宝±500 千伏直流互联工程，实现陕西火电与四川水电丰枯互济。预计“十四五”期间，“疆电入渝”（哈密—重庆）±800 千伏工程将投运，填补“十四五”末重庆地区约 800 万千瓦电力缺口。同时，覆盖四川、重庆电源和负荷中心的特高压交流工程也正式开工，预计“十四五”末投运，建成后将优化西南地区电网网架结构，增强四川、重庆电力保供能力，支撑更大规模清洁能源开发，更好地承接“疆电入渝”等未来西北向西南的特高压送电工程。

特高压交流可以形成坚强的网架结构，对电力传输、交换、分配十分灵活，可结合中途落点向沿途地区供电，适宜在多回直流馈入的送受端电网构建特高压交流同步电网，提升电压和无功支撑能力，解决 750、500 千伏短路电流超标、输电能力较低的问题。若采用特高压交流联网，出现交直流并列运行，当发生直流闭锁或受端交流系统故障导致的直流换相失败时，盈余的直流功率将大范围转移至交流输电通道。西北与西南交界地区人口密度低、电网联系薄弱，交流联络线静态稳定裕度相对较低，容易引发交流通道震荡解列、区域电网解列运行等一系列功角稳定问题。建设西北—西南特高压交流同步电网，对电网整体互联程度要求较高，需要加强西北、西南整体电力互联水平。

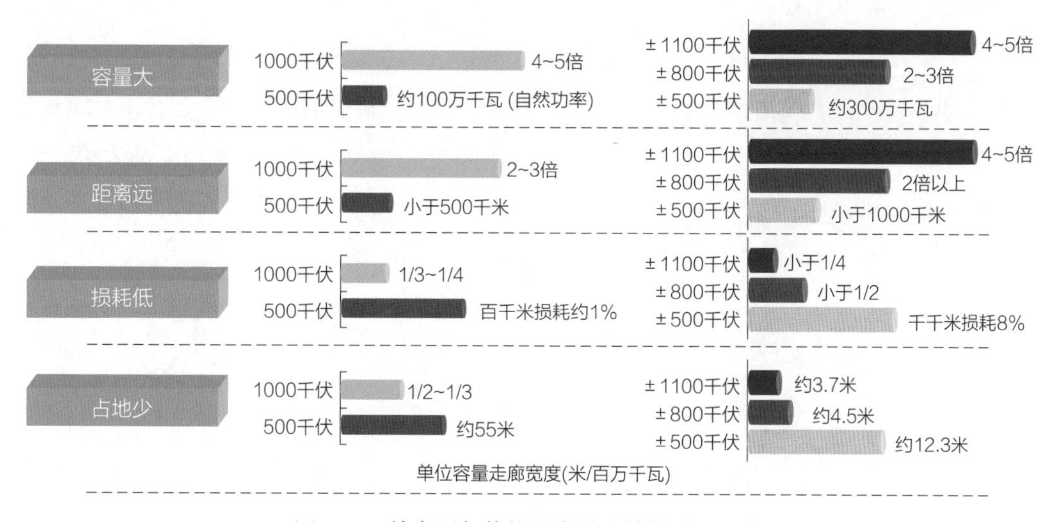

图 6.20 特高压与传统输电技术特性对比示意

特高压直流与特高压交流相比，具有输送容量大、输送损耗低、用地总量小、控制灵活方便等优点，可以点对点、大功率、远距离直接将电力送往负荷中心，被称为“电力直达快车”。当输电距离超过 1500 千米时，特高压直流输电经济性优势显著。由于特高压直流具有控制灵活、调节速度快等优势，当直流发生闭锁故障时，潮流容易控制，功率不会大规模向交流通道转移。但同时特高压直流无法组网，直流互联也阻碍了系统抗扰动能力的提升，必须研究西北、西南特高压直流异步联网后，西北、西南电网的稳定性和控制策略。

柔性直流输电技术作为一种新型直流输电技术，以全控型电力电子器件为核心，具有可向无源网络供电、无换相失败问题、有功无功功率可独立控制、无须滤波器和无功补偿设备、占地较小等优点，目前尚未大规模推广应用，成本相较传统直流输电技术处于较高水平。中远期，柔性直流输电技术发展更加成熟后，可应用柔性直流技术连接西北风电、太阳能和西南水电，实现多能互补互济。

2. 直流联网方案

初期（2030 年），统筹西北 750 千伏交流、西南 1000 千伏特高压交流电网建设和西北—西南互补互济需求，建设西北—西南 5 回特高压直流互联通道，其中，3 回将新疆大型风光基地电力送入成渝负荷中心，满足西南水电枯期成渝地区电力缺口，2 回实现青海风电和太阳能与金沙江、澜沧江、怒江等流域水电互济。

远期（2050 年），为支撑西北—西南更大规模电力互济需求，西北—西南特高压直流互联通道增至 10 回，其中，5 回满足成渝城市圈新增用电负荷需求，5 回满足新疆、青海风电太阳能和雅鲁藏布江、怒江澜沧江、金沙江等流域水电互济，以及西南地区新型抽蓄为西北新建大规模风电、太阳能基地提供调节能力，推动西北沙戈荒等大规模清洁能源基地电力高效外送，互济通道可采用柔性直流输电技术。远期西北—西南电网直流互联方案如图 6.21 所示。

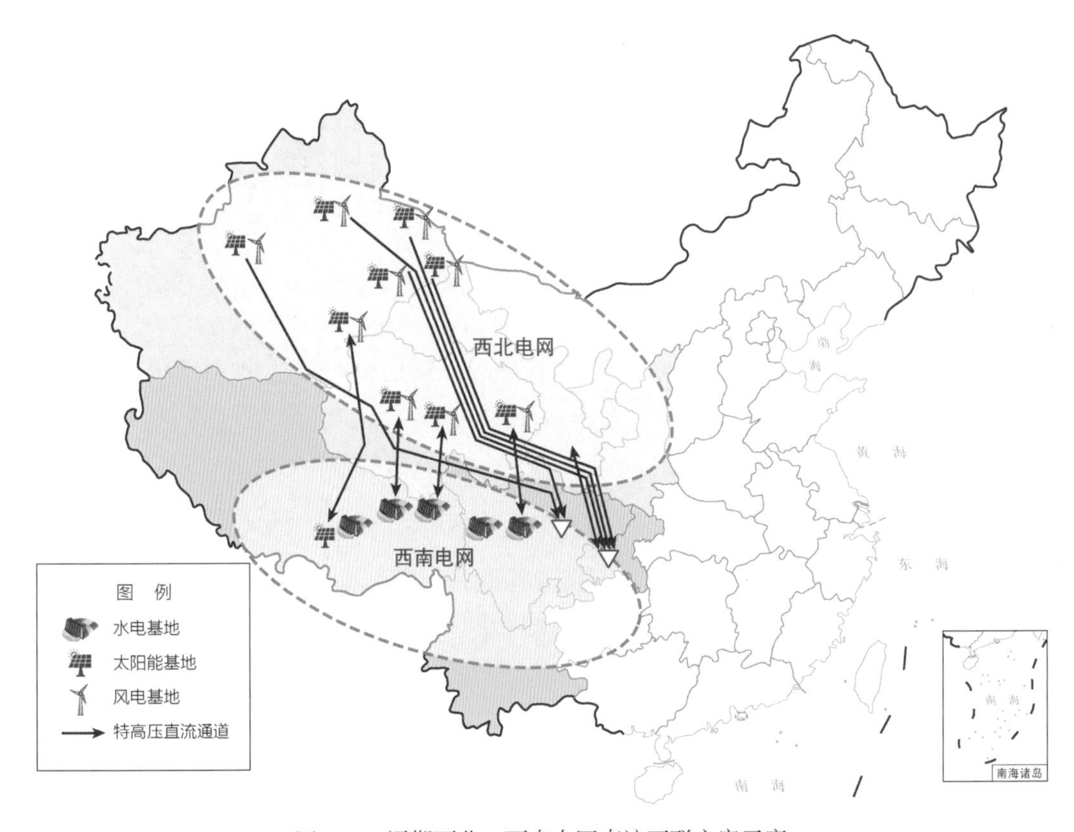

图 6.21 远期西北—西南电网直流互联方案示意

3. 交直流联网方案

初期（2030 年），结合西南地区特高压交流网架建设，通过特高压交流联网，构建西北一西南 2 回特高压交流通道，满足西北风电、太阳能和西南水电互济需要。同时，构建西北一西南 3 回特高压直流通道，利用西北大规模太阳能风电基地电力满足成渝城市群在四川水电枯期用电缺口。

远期（2050 年），西北、西南分别建成较为完善的 1000 千伏特高压交流主网架，按照生产模拟测算的西北一西南互联容量需求，西北一西南特高压交流通道增至 5 回，直流通道增至 5 回，满足西北、西南风光水互济需要。远期西北一西南电网交直流互联方案如图 6.22 所示。

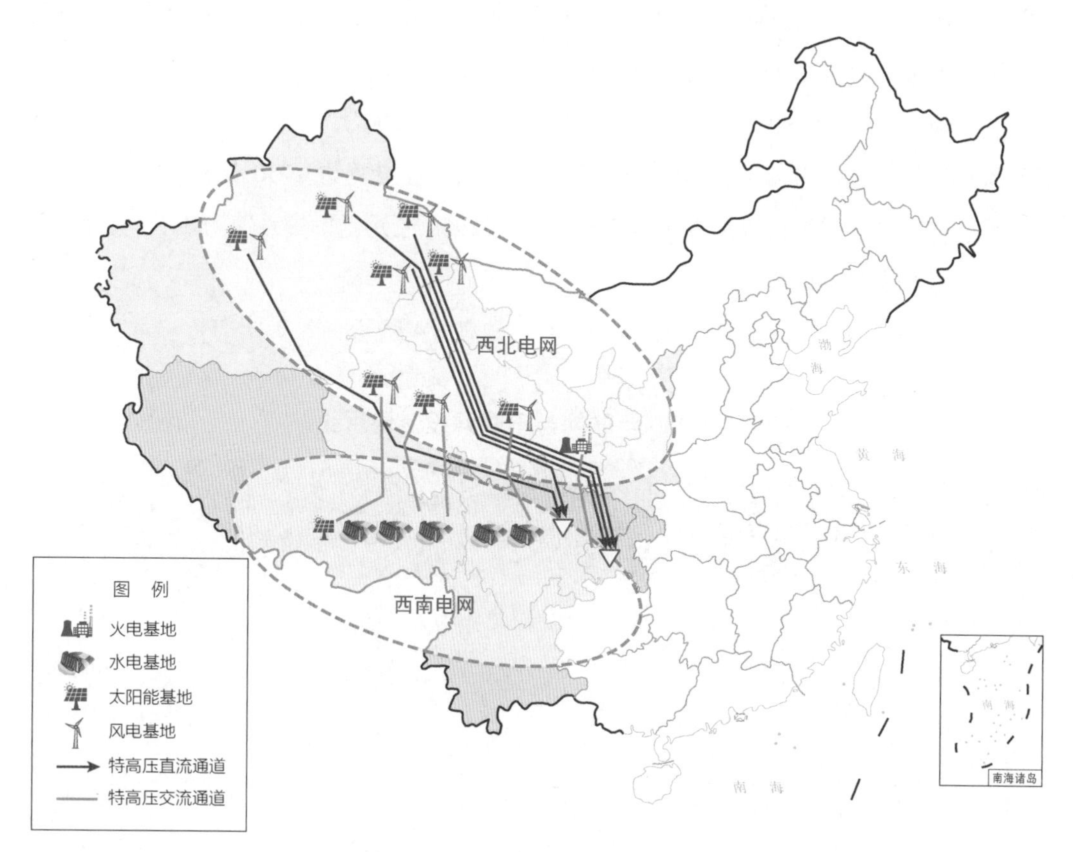

图 6.22 远期西北一西南电网交直流互联方案示意

西北一西南联网是构建西部坚强送端电网的基础，也是西部新型电力系统构建的关键。后续需进一步加强对西北一西南联网具体方案研究，包括联网技术路线、实施方案、配套电网建设需求、联网后运行控制策略等。

6.4.3 联网经济性评估

采用直流联网方案进行经济性比较，按照2030年和2050年两个水平年。2030年，西北—西南联网规模为4400万千瓦，包含5条特高压和2回常规直流；2050年联网规模为9400万千瓦，包含10回特高压和2回常规直流，新增的联网直流工程采用柔性直流技术。

到2030年，通过西北—西南电网互联，可节省火电装机容量2500万千瓦，节省储能容量2800万千瓦。联网工程投资约980亿元，与不联网相比，可节省火电、储能及燃氢发电等装机投资约1880亿元，投资差值约900亿元。

到2050年，西北—西南联网可节省火电装机容量3100万千瓦，节省储能容量7000万千瓦，节省燃氢发电装机容量550万千瓦。联网工程投资约1750亿元，与不联网相比，可节省火电、储能及燃氢发电等装机投资约2900亿元，投资差值约1150亿元，联网比不联网更具经济优势。

2030、2050年联网与不联网投资费用比较如表6.4所示。

表6.4　　2030、2050年联网与不联网投资费用比较　　单位：亿元

项目	联网		不联网		差值	
	2030年	2050年	2030年	2050年	2030年	2050年
火电	0	0	758	1105	758	1105
储能	0	0	1126	1412	1126	1412
燃氢发电	0	0	0	385	0	385
特高压工程	978	1750	0	0	–978	–1750
合计	978	1750	1884	2902	906	1152

参考《跨省跨区专项工程输电价格定价办法》（发改价格规〔2021〕1455号）中对跨省跨区输变电工程电价核算的有关规定，对西北—西南特高压联网工程进行测算。按

照生产模拟仿真结果，联网通道利用小时数约 4400 小时，测算结果是西北—西南联网工程的输电价格约 8.8 分/千瓦时，略高于输电距离接近的宾金直流（输电价 8.4 分/千瓦时，利用小时数约 4500 小时）和酒湖直流（输电价 6.4 分/千瓦时，利用小时数约 6300 小时）。目前宾金、酒湖直流均配套火电装机，运行小时较高，同时考虑到西北—西南联网在促进新能源开发消纳等方面的综合效益，西北—西南联网具备较好偿还能力，具备财务可行性。

6.5 未来全国电网发展格局

未来，我国电网目标成为全国能源互联互通配置平台，以构建东、西部电网为重点，通过建设特高压骨干网架，促进清洁能源大规模开发和高效消纳，加强与周边国家互联互通，形成“西电东送、北电南供、多能互补、跨国互联”的电网总体格局，打造全国零碳能源优化配置平台，以充足、可靠的清洁电力保障碳中和目标的实现，为经济社会发展和人民美好生活提供安全、优质、可持续的电力供应。

6.5.1 全国电力流格局

1. 2030 年电力流向及规模

我国电力需求和资源禀赋的逆向分布决定了“西电东送”和“北电南供”全国电力流格局，2030 年我国跨省跨区电力流总规模约 4.6 亿千瓦。

跨区电力流 3.4 亿千瓦，包括西北外送 1.3 亿千瓦，西南（含云南）外送 1.1 亿千瓦，华北蒙西、山西外送 6400 万千瓦，东北外送 1500 万千瓦等。

跨省电力流 1.2 亿千瓦，包括华北蒙西、山西外送 7000 万千瓦，西南四川送重庆 600 万千瓦等。

跨国电力流将达到 4250 万千瓦，其中，受入蒙古、俄罗斯电力分别为 800 万、875 万千瓦；送电朝鲜、韩国 575 万千瓦，送电越南、老挝、缅甸 700 万千瓦，送电孟加拉国、尼泊尔、巴基斯坦 1300 万千瓦。

2. 2050 年电力流向及规模

到 2050 年，“西电东送、北电南供”格局进一步凸显，跨省跨区电力流规模将持续扩大，总规模约 8 亿千瓦，高情景下电力流规模可超过 9 亿千瓦。

跨区电力流 6 亿千瓦。其中，西北地区外送 2.9 亿千瓦，主要包含新疆哈密、昌吉、喀克、库尔勒和青海格尔木、德令哈、海南州等大型风电和太阳能基地外送的清洁能源电力；西南（含云南）送 1.6 亿千瓦，主要包含金沙江、雅砻江、大渡河、澜沧江、怒江等流域水电基地的外送电力；华北外送 9200 万千瓦，主要包含内蒙古乌兰察布、阿拉善、巴彦淖尔等大型风电和太阳能基地外送的清洁能源电力；东北外送 2700 万千瓦，主要包含吉林白城、松原和四平等大型风电基地的外送电力。

跨省电力流 2 亿千瓦，主要包括华北蒙西、山西、河北坝上外送 9000 万千瓦，满足京津冀鲁等华北负荷中心地区的用电需求，西南四川送重庆 3000 万千瓦等。

跨国电力流将达到 1.8 亿千瓦，主要包括俄罗斯远东、蒙古和哈萨克斯坦等清洁能源基地送电中国，以及中国送电老挝、印度、越南、韩国、日本、巴基斯坦等。

进一步考虑中东部地区本地海上风电等不确定性，高电力流情景下，2050 年我国跨区跨省电力流总规模将达到 9 亿千瓦以上。进一步扩大内蒙古西部地区新能源开发力度，西北、华北跨区外送电力流分别达到 3 亿、1.3 亿千瓦，华东、华中分别新增受入 3000 万、2000 万千瓦电力。2060 年，西北、华北跨区外送电力流分别达到 3.1 亿、1.5 亿千瓦，华中、南方进一步新增受入 1000 万、1000 万千瓦电力。

6.5.2 2030 年前电网互联展望

统筹推进西部北部清洁能源基地大规模开发外送，重点加快特高压直流通道和特高压交流主网架建设，提升通道利用效率和跨区跨省电力交换能力，提高电网安全运行水平和抵御严重故障的能力，初步形成东部、西部两大电网的总体格局，如图 6.23 所示。

东部电网：“三华”建成“七横五纵”特高压交流主网架。华北优化完善特高压交流主网架，内蒙古增加乌兰察布—张北、蒙西—上海庙—横榆特高压通道，提升电源基地汇集和外送能力，华北基本全部形成双环网结构。华中特高压交流电网进一步向西向南延伸，围绕宜昌南、长沙、怀化、湘南、赣州、吉安等地区形成双环网结构。华东沿海特高压交流通道向南延伸至厦门。“三华”内部跨区联网工程继续加强，华北华中互联的晋东南—南阳扩成三回通道，华中华东新建吉安—泉州、赣州—厦门特高压交流通道。南方建成“两横三纵”特高压交流主网架，两广负荷中心地区形成双环网结构，通过湘南—桂林、赣州—韶关、厦门—潮州与“三华”特高压交流电网相连。

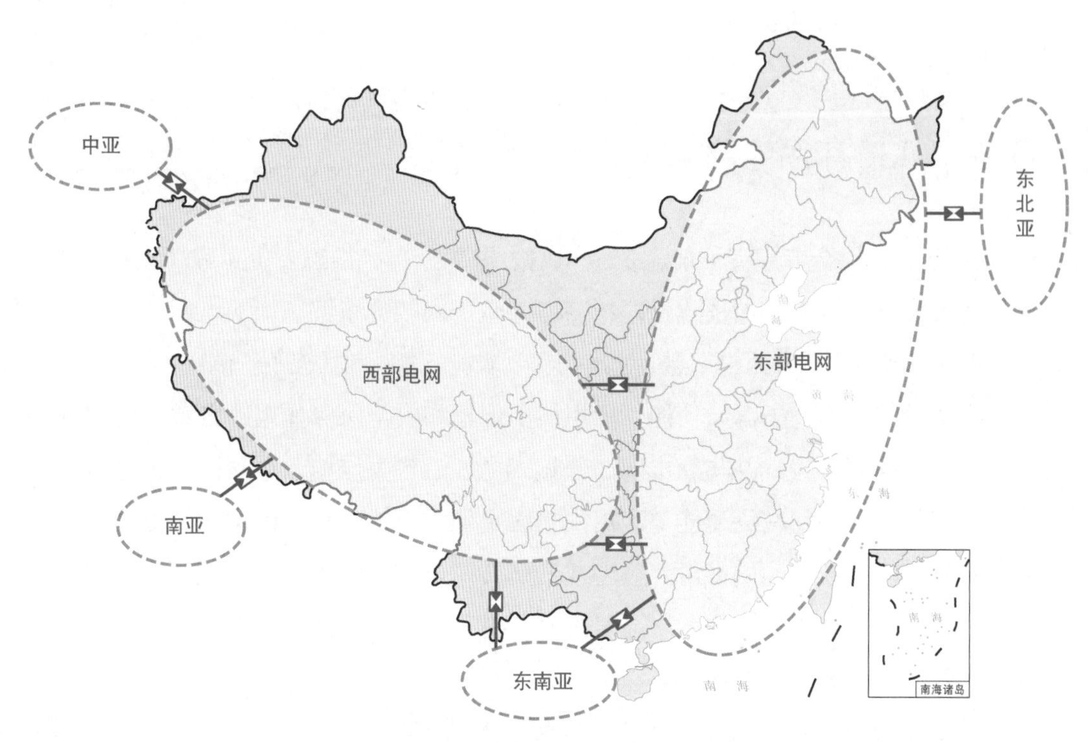

图 6.23 我国电网互联总体格局示意

西部电网：初步形成西北、西南（含云南、贵州）坚强网络平台。西北进一步加强 750 千伏骨干网架，延伸至甘肃南部、青海和新疆东部等区域，支撑沙戈荒地区大型清洁能源基地特高压直流外送。西南建设以川渝“日”字形特高压交流环网为中心，连接四川西南部、云南东北部、贵州西部的特高压交流主网架。西南、西北初步建设 5 回纵向特高压直流或交直流通道联网，构成西部电网。

东部、西部电网互联：2030 年建成 28 回跨区特高压直流工程。西北跨区外送规模 1.3 亿千瓦，主要建设甘肃陇东—山东、青海海南—河南南阳北等 13 回特高压直流工程；

西南跨区外送规模 1.13 亿千瓦，主要建设白鹤滩—浙江、金上—湖北等 11 回特高压直流工程；华北跨区外送规模 6400 万千瓦，主要建设锡盟—泰州、晋北—江苏等 3 回特高压直流工程；东北跨区外送规模 1500 万千瓦，主要建设扎鲁特—青州 1 回特高压直流工程。

跨国：建设中国—缅甸—孟加拉国、中国—老挝、中国—尼泊尔、中国—韩国（日本）、中国—蒙古、中国—俄罗斯等跨国直流互联工程（含背靠背），电力交换能力约 4250 万千瓦。

6.5.3 2030 年后电网互联展望

2030 年后，综合考虑清洁能源资源和电力需求分布，按照安全可靠、结构清晰、交直流协调发展的原则，加快建设以特高压为骨干网架的东部、西部电网，加强与周边国家互联互通，形成“西电东送、北电南供、多能互补、跨国互联”的电网总体格局。

大电网继续发挥骨干网架功能，承担能源传输和安全保障作用，自愈能力和抵御严重故障能力全面升级，并与微电网、分布式电源、各类储能、电动汽车等进一步融合发展，智慧配电网将在终端能源利用中扮演更加重要的角色，源网荷储协同、多能融合互补、多元聚合互动的能源互联网成熟运转，电网由电力枢纽向能源枢纽转变，电网智能化、自动化、数字化水平显著提升，充分实现终端能源消费的全面感知、智能互动、灵活可控和可靠供应。

2050 年，我国全面建成坚强可靠的东部、西部电网。

东部电网：“三华”建成“八横五纵”特高压交流主网架。三华新增濮阳、郑州、无锡、黄石、荆州等负荷站，增强电网安全稳定性，内蒙古增加“一横两纵”特高压通道，进一步提升电源基地汇集和外送能力。东北建成“四横三纵”特高压交流主网架，加强电源基地的汇集外送能力，加强与“三华”的互联通道。南方建成“两横四纵”特高压交流主网架，新增“一纵”河池—百色交流通道，并向北延伸与怀化相连，与“三华”形成 4 个互联通道。进一步加强东部、西部电网之间直流联网通道，加大西电东送规模，满足东部负荷中心用电需要。

西部电网：整体建成西北—西南特高压互联主网架。西北特高压交流网架向西向北延伸至雅鲁藏布江水电基地、拉萨、新疆且末和哈密新能源基地，满足西北风光基地电力外送，支撑与西南地区的特高压电网互联和电力互济。西南加强川渝、云贵地区特高压交流主网架，云南建成“日”字型特高压交流主网架，并与贵州相连，增强川渝和云南负荷中心地区的受电能力。西南、西北通过 10 回特高压直流或交直流通道形成西北—西南特高压互联的坚强西部电网。

东部、西部电网互联：2050 年建成 54 ~ 61 回跨区特高压直流工程。在 2030 年的基础上，西北跨区外送规模达到 2.9 亿 ~ 3.1 亿千瓦，主要建设新疆哈密、昌吉、库尔勒和青海格尔木、德令哈、海南州等大型风电和太阳能基地送电广东、江苏等 30 ~ 32 回特高压直流工程；西南（含云南）跨区外送规模约 1.57 亿千瓦，主要建设金沙江、雅砻江、大渡河、澜沧江、怒江等流域水电基地送电广东、湖南等 16 回特高压直流工程；华北跨区外送规模 1 亿 ~ 1.5 亿千瓦，主要建设内蒙古乌兰察布、阿拉善、巴彦淖尔等大型风电和太阳能基地送电安徽、浙江等 7 ~ 12 回特高压直流工程；东北跨区外送规模 2700 万千瓦，除扎鲁特—青州特高压直流外，通过特高压交流等将吉林白城、松原和四平等大型风电基地电力外送至华北。

跨国：进一步提高电力交换规模，加强哈萨克斯坦、俄罗斯、蒙古清洁能源基地送电中国特高压直流输电通道，建设中国送电老挝、印度、越南、韩国、日本、巴基斯坦特高压直流输电通道，电力交换能力约 1.8 亿千瓦。

6.6 小　　结

构建西北—西南互联电网，充分发挥大电网的资源配置平台作用，实现清洁能源互补互济和调节能力协调共享。

（1）充分利用西北、西南地区清洁能源资源和电力负荷的时空互补特性，有效缓解电力供应季节性、结构性矛盾，提高能源电力保障能力。

（2）实现常规电源、常规抽水蓄能、新型储能和新型抽水蓄能等灵活性调节资源共享，促进清洁能源在更大范围互补互济和优化配置，获得负荷错峰、互为备用、减少装机等效益。

（3）强化极端天气下跨区互供互援，提高整体供电可靠性和天气适应能力，增强系统安全稳定水平和抵御严重故障能力。

到 2050 年，西北—西南联网需求约 1 亿千瓦，可采用特高压直流互联或交直流混联方案，构建坚强的送端电网平台。若采用直流互联方案，西北—西南跨区联网总投资约 1750 亿元，相比不联网节省超过 1100 亿元，联网通道年利用小时数约 4400 小时，工程输电价格约 8.7 分/千瓦时。通过西北—西南电网互联，提升新能源消纳能力 1.2 亿千瓦，减少储能 7000 万千瓦，“西电东送”输电通道整体利用效率提高约 30%，输电成本降低超过 2 分/千瓦时。

未来，我国将全面建成坚强可靠的东部、西部电网，形成“西电东送、北电南供、多能互补、跨国互联”的电网总体格局，打造全国零碳能源优化配置平台。

7

综合经济社会效益

我国清洁能源基地化开发秉持新发展理念，通过清洁能源一体化协同开发与联合外送大力推进西部清洁能源资源的开发利用，加速推进清洁替代进程，助力构建清洁低碳、安全高效的现代能源体系和可持续发展新格局。中国清洁能源基地化开发将促进我国能源高质量发展，带动产业创新变革，引领生态文明建设，全面提升人民福祉，对保障能源安全、促进经济发展、改善社会民生和生态环境等多方面将产生巨大协同效益。

7.1 保障能源安全

加速清洁能源开发，强化能源安全保障。清洁能源基地化开发将大力推进西部优质清洁能源资源的大规模开发利用，推动我国清洁能源消费量的大幅提升，到2050年，实现一次能源消费中清洁占比提升15个百分点。加速替代化石能源消费需求，减少石油天然气进口，提高我国总体能源自给率，避免国际能源价格震荡导致的国内电价波动，有效稳定能源价格，降低油气对外依存度，显著提升我国能源供给能力和能源供应质量，实现能源安全保障能力大幅跃升，加速实现我国能源强国建设。

推进能源结构优化，实现绿色低碳发展。清洁能源基地化开发将不断提升清洁低碳能源在总体能源供应中的占比，持续促进绿色能源消费，推动能源结构稳步优化，降低对化石能源的过度依赖，推动能源机构的清洁化转型。到2050年，清洁能源基地化开发将实现西部北部地区清洁能源装机规模超过45亿千瓦，实现3.5万亿千瓦时清洁电量外送，相当于每年节约电煤消耗10.5亿吨，有效解决我国能源消费中煤炭占比过高问题，支撑经济社会绿色高质量发展。

构建清洁能源广域配置平台，保障绿电安全稳定供应。清洁能源基地化开发将加快构建互联互通广域清洁能源配置平台，充分利用西南、西北地区水风光清洁能源互补特性，提高风光电源装机容量保证率，推动西部电力供应结构多元化，克服高比例新能源电源单一可能造成的供电可靠性问题，减少系统调峰需求，节约储能等灵活性资源投资，全面提升系统运行效率。同时，通过电网互联充分实现区域高峰负荷错峰避峰、备用共享，提升整体惯量水平和系统安全稳定控制能力，满足区域电网间的互补互济需求，提升应急互保互援能力，大幅提高系统在极端天气和自然灾害情况下的安全保供能力，保障清洁绿电的充足稳定供应。

7.2 促进经济发展

发挥投资拉动作用，打造经济增长引擎。清洁能源基地化开发建设将有力拉动能源电力、水利、农业等多个领域的投资需求，刺激工程装备和建筑材料的产品需求，带动领域内上下游产业发展，推动新能源、新材料、高端装备、节能环保发展。同时为经济活动提供优质、清洁和智能的电力供应，提升能源利用效率，以能源结构转型升级促进产业升级，进而赋能经济结构转型，给经济发展赋予新的动力，显著拉动经济增长。到 2050 年，西部北部清洁能源基地化开发累计电源投资 32 万亿元，累计拉动全社会总产出达到 140 万亿元，对我国国内生产总值（GDP）增长的贡献率约 4%。

加速传统产业升级，推动新兴产业孵化。支撑传统工业转型升级，以清洁电力和电制原料燃料全面促进传统产业提质增效和控碳减排，加快传统产业绿色转型升级，促进传统重化工业加速转向清洁低碳的新型重化工业。培育战略新兴产业，西部廉价清洁绿电有力推动电制氢和新型化工、云计算、大数据和人工智能等数字产业发展和东数西算等新兴业态涌现，加速数字应用与传统产业融合发展，通过数字技术赋能绿色化实现产业生产效率与碳效率的双重提升。实现传统产业高端化、智能化，推动产业链升级、价值链提升，提高传统服务业技术含量和附加值，打造经济发展新模式，创造更大的社会经济效益，为全社会产业结构转型升级注入强大动力。

释放西部资源潜能，促进经济均衡发展。我国西部地区优质水风光清洁能源资源富集，新疆、内蒙古、西藏、甘肃、青海等西北地区风能技术可开发量约 30 亿千瓦、太阳能技术可开发量约 730 亿千瓦，西南地区金沙江、雅砻江、大渡河、澜沧江、怒江、雅鲁藏布江等流域尚有 2 亿多千瓦水电没有开发。通过清洁能源基地化开发，能够有力促进西部地区将清洁能源资源优势转化为经济优势，同时带动绿电制氢、新型化工、绿色矿业等新兴产业发展，助力培育支柱产业集群。同时，能源和水利基础设施建设将有力推进城市化进程，优化城市发展格局，完善公共服务，改善民生，促进稳定，对于促进西部大开发、推动东西部协调发展、打赢扶贫攻坚战、实现党的十八大提出的“两个一百年”奋斗目标，具有重要战略意义。预计2050年西部清洁能源外送规模将超过2.7万亿千瓦时，将带动五省区人均实际收入提高，有效缩小地区之间的经济差距。

7.3 改善社会民生

水风光协同开发外送，有效降低用能成本。通过水风光协同方式大规模开发利用西部优质的清洁能源资源，将显著降低清洁能源的开发并网成本，与单一能源开发相比，西南地区水风光协同开发可降低综合上网电价约16%。同时，依托特高压直流通道联合外送，可大幅提升清洁能源的外送规模，降低能源的配置成本，实现西部经济优质清洁能源的广域共享，通过水风光一体化运行，西北电网跨区直流外送通道利用小时数可提升至6200小时，西南水电外送直流通道利用小时数提升至6000小时以上，提升单位通道利用效率30%以上，降低输电成本超过2分/千瓦时。清洁能源基地化开发节约的上网和输电成本可实现用能成本的大幅降低，到2050年，共计可降低我国平均用能成本0.3分/千瓦时。

发挥就业容纳优势，扩大整体就业规模。可再生能源产业单位产能就业人数是传统能源产业的1.5~3倍，清洁能源基地化开发能够直接拉动清洁能源开发、电源建设及电网互联、新型抽水蓄能开发和跨流域调水工程投资，带动能源、电力、水利和农业等相关上下游产业的投资开发，推动培育新兴业态，创造大量就业岗位，在解决就业、降低失业率问题上发挥重要作用。受益于清洁能源基地化开发创造的经济增长点，我国就业规模将得到显著提升。到2050年，清洁能源基地化开发累计可创造就业岗位约5000万个，促进我国经济社会高质量发展。

加速推进清洁替代，增进人民健康福祉。清洁能源基地化开发将显著提高清洁能源发电占比，加速清洁替代进程，从根本上改善我国生态环境，提高空气质量、水质和土壤质量，对我国居民健康有明显改进作用。短期通过有效降低电力、工业和交通领域的空气污染物排放，将显著改善室外与室内空气质量，显著降低人群死亡率、心血管疾病以及呼吸系统疾病的发病率，提高人民健康水平。长期通过改善水质与土壤质量和水文循环系统，将显著降低疾病发生率，保障气候安全，减少因高温、严寒、干旱、洪水、风暴等极端天气气候事件和自然灾害造成的死亡人数，增进人民健康福祉。

优化农业水资源配置，提高耕地粮食产量。通过清洁能源基地化开发与调水协同，可以有效发展因水资源短缺而制约开发的大量土地，扩大可灌溉的耕地面积，在扩大农业发展空间上具有巨大潜力。通过调水工程建设，可新增调水规模400亿立方米，共提供约340亿吨农业用水，实现新增灌溉面积1.6亿亩（1亩=666.67平方米）。同时，调水方案提供的充裕调水量，可提升耕地的平均供水量，有助于改善耕地质量，提升单位面积耕地的生产质量，带动粮食产量的进一步提升，按农业品种谷物和棉花折算，相当于可分别新增产量约6810万吨和1860万吨。

7.4 保护生态环境

减少有害气体排放，促进环境污染治理。化石能源燃烧是有害气体的主要来源，其中，煤炭是二氧化硫的主要排放源，约占排放总量的55%；石油是氮氧化物排放的主要来源，占排放总量的70%。清洁能源基地化开发助力构建清洁能源供应体系，有效减少有害气体排放。到2050年，每年分别减少二氧化硫、氮氧化物、细颗粒物排放160万、190万、40万吨，为破解气候变化、大气、淡水、土地、森林、海洋、粮食、生物多样性等环境问题开辟了新道路，为打赢打好污染防治攻坚战、推动生态环境治理体系和治理能力现代化提供有力支撑。

推动国家水网建设，促进水资源合理布局。通过清洁能源基地化开发与新型抽水蓄能和跨流域调水工程建设，能够将水资源分布和地势特征转换为清洁能源开发与水资源优化配置的综合优势，有效缓解西北地区缺水现状，改善水资源时空分布不平衡状态，促进形成国家统一水网格局，有效缓解洪涝灾害，推动形成水资源合理配置的崭新格局。调水方案每年向新疆地区和黄河流域分别调水300亿、100亿立方米，为西北地区的生产生活注入新的生命线。

7.5 应对气候变化

降低能源系统碳排放，助力碳中和目标实现。通过清洁能源基地化开发和电网互联互通加速推动清洁能源规模化开发和广域优化配置，可以实现清洁能源的高效利用和快速发展，减少化石能源消费，通过“清洁替代”从源头上控制温室气体排放，有效降低能源系统二氧化碳排放。推广“电—水—土—农—汇”新型发展模式，扩大荒漠化地区植被覆盖，增加作物地下和地上固碳能力，全面提升全链条固碳量。到 2050 年，每年可减少二氧化碳排放约 50 亿吨。

助力控制温升水平，全面降低气候风险。我国实现碳中和目标，将助力控制温升水平，有效降低气候系统面临的各类风险。减缓气候变暖导致的极端天气气候事件，降低干旱、洪涝、热带气旋（台风、飓风）、沙尘、寒潮与低温、高温与热浪等灾害事件发生的强度和频率，减少极端灾害导致的人员伤亡和经济损失，减少气候变化对农业、民生和经济部门、基础设施、人类健康等造成的不利影响和损失，降低气候变化对水资源、土地、生态系统等自然系统的不利影响。

结　　语

清洁能源基地化开发是立足我国能源资源禀赋，深入推进能源革命，构建新型能源体系、建设新型电力系统的战略举措和重要抓手。通过集约式、规模化开发水能、风能、太阳能资源，保障能源安全可靠供应，推动能源结构低碳转型，推进能源体系提质增效，促进经济增长协同发展，对于我国实现能源、经济、社会、环境协调可持续发展具有重要意义。本书按照“开发大基地、建设大电网、融入大市场”的总体思路，聚焦我国西部北部水风光清洁能源基地化开发，着重研究了清洁能源基地布局、调节资源优化利用、新能源开发与跨流域调水协同以及电网配置平台提升等关键问题，提出了西部北部大型风光基地开发、西南水风光协同开发、新型抽水蓄能与西部调水、西北—西南电网互联的思路和方案，为我国清洁能源基地化开发以及水资源优化调配提供了战略性、全局性、系统性、创新性解决方案。

（1）基于先进的资源评估模型和平台工具，通过资源禀赋、开发条件、开发规模和开发成本分析，系统评估了西部北部风光基地化开发潜力；进一步结合各类调节资源分布以及大电网建设和外送通道资源等条件，考虑“火电+”“水电+”和“储能+”等多能互补开发模式，提出了西部北部地区大型风电、光伏与光热发电基地 2030、2050 年的开发布局，为西部北部新能源大规模基地化开发奠定了坚实基础。

（2）坚持系统观念，着眼于充分利用西南水电的灵活调节能力及其与风光新能源的互补优势，提出了西南水风光清洁能源大范围协同开发、联合送出和高效消纳的开发定位、开发潜力和开发方案，有效破解水风光单独开发存在的技术经济难题，提升清洁能源总体开发消纳规模、输电通道利用率以及电力系统整体供电的充裕性、安全性和经济性。

（3）针对为西部清洁能源基地化开发提供更大规模的灵活调节资源，结合西部调水的战略需求，提出了依托风光赋能、电水协同、抽发分离、运行灵活的新型抽水蓄能同时实现跨流域调水和促进新能源超大规模开发消纳的新思路，并通过数字化研究新方法，提出了基于新型抽水蓄能的西部调水新方案。该思路和方案能够为风光新能源大规模开发消纳提供新途径，大幅提升新型电力系统的灵活调节能力，同时有助于提高西部调水工程的可实施性和经济性，统筹解决我国可持续发展面临的水资源、能源和粮食安全等重大安全挑战。

（4）立足于打造清洁能源大范围互补互济、调节资源大范围共享利用、电源负荷大范围平衡协同的电网平台，支撑水风光大型清洁能源基地高效开发、送出和消纳，提高系统安全保供能力，研究了西北西南电网互联、构建西部坚强送端电网的必要性和重要性，提出了联网规模需求和初步方案，展望了西部北部清洁能源基地送出通道和主要受端电网的建设方案，总体规划了送端系统+受端系统+特高压输电网络的清晰电网结构。

（5）西部北部清洁能源基地化协同高效开发、送出和消纳的系统方案，以及基于新型抽水蓄能的西部调水新思路和新方案，将在保障能源安全、促进经济发展、改善社会民生、保护生态环境、应对气候变化等方面产生重大的综合效益，有力推动美丽中国建设，推进全面建设社会主义现代化国家，为实现中华民族伟大复兴和永续发展作出重要贡献。

千里之行始于足下，上述战略研究成果的落地实施是一项长期复杂的系统工程，需要社会各界凝聚智慧，形成合力，共同推动。近期应主要从三个方面着手。一是加强规划引领，深入研究西部北部清洁能源开发、西北—西南联网、新型抽水蓄能等的规划方案和建设时序，将技术成熟、便于实施、综合效益好的重点工程尽早纳入国家相关规划。二是完善政策机制，充分发挥制度优势，坚持“全国一盘棋”思想，完善清洁能源跨省区消纳、水电跨流域调度等相关机制，加快建立全国统一电力市场，完善绿电交易及价格形成机制，加强电力交易、用能权交易和碳排放权交易统筹协调。三是加快工程实施，加快西北、内蒙古“新能源+水电”“新能源+新型储能+调相机”等综合基地项目实施，实现跨流域水风光协同开发和调度运行，促进西北—西南特高压直流联网工程落地，建设新型抽水蓄能工程试点示范工程。

推动我国清洁能源基地化开发对于我国能源低碳转型和经济社会可持续发展意义重大，符合全社会共同利益。同时，其创新实践对全球其他地区也具有重要借鉴意义，可为推动全球能源低碳转型和可持续发展贡献中国智慧和中国方案。